ワンペダル®
誕生への道
「発明家の半生」

津村 重光

目次

「ワンペダル」が紹介されたメディア一覧

【2010年】

「ニューヨークタイムズ紙」 8月3日

「クローズアップ現代」NHK　10月19日

【2012年】

「夢の扉＋」TBSテレビ　12月9日

【2016年】

「Yahoo ！ニュース」 12月22日

「週刊新潮」（新潮社） 12月22日号

「かんさい情報ネットten」大阪よみうりテレビ　12月20日

「Jチャンネル」テレビ朝日　12月20日放送

「ゆうがたサテライト」テレビ東京　12月14日

「ドッキリ！ハッキリ！三代澤康司です！」ABCラジオ　12月12日

「北野誠のズバリサタデー」CBCラジオ　12月10日

「アサデス。」KBC九州朝日放送　11月29日

「News　ジャスト！」RKK熊本放送　11月24日

「今日感テレビ」RKB毎日放送　11月21日

「ニュース6」RCC中国放送11月21日

「くまパワニュース」KAB熊本朝日放送　11月17日

「ビビッド」TBSテレビ　11月17日

「イブニングニュース」RSK山陽放送　11月16日

「グッディ！」フジテレビ　11月15日

「ひるおび！」TBSテレビ　11月14日

「あさチャン！」TBSテレビ　11月14日

「報ステSUNDAY」テレビ朝日　11月13日

「Yahoo ！ニュース」 11月12日

「日経ビジネス」（日経BP社） 7月4日

「ワンペダル」が紹介されたメディア一覧

【2016年】

「福祉介護テクノプラス」(日本工業出版) 6月号
「戦略経営者」(TKC) 5月号
「EARTH Lab」TBSテレビ　5月21日
「Sandpit」(デンソー技術会会誌) 2月号
「あさチャン！サタデー」TBSテレビ　1月23日
「みんなのニュース」フジテレビ　1月20日

【2017年】

「日経Automotive」(日経BP社) 10月号
「ふくしまスーパー Jチャンネル」KFB福島放送　9月15日
「ちちんぷいぷい」毎日放送MBS/HBC/MBC　9月11日
「スーパー Jチャンネル」(テレビ朝日系列、九州・沖縄圏) 8月23日
「ウェルカム！」RKK熊本放送　6月28日
「とくダネ！」(フジテレビ) 6月22日
月刊「くまもと経済」(地域情報センター) 6月号
「ダイヤモンドオンライン」6月7日
「西日本新聞(朝刊)」5月26日
「NEWS めんたいPlus」(FBS) 5月22日
「ジョブチューン」(TBS) 5月20日
「新・情報7デイズ ニュースキャスター」(TBS) 5月6日
「サタデーステーション」(テレビ朝日) 5月6日
「ためしてガッテン」NHK　4月26日
「職場の教養」2017年4月号
「アフターマーケット」(自動車新聞社) 2月号
「女性自身」(光文社) 2月14日
「driver」(八重洲出版) 2月号

ワンペダル特許取得（一例）

特　許　証

特許第６１５９５８０号

発明の名称　身障者用車両の操作装置

特許権者　熊本県玉名市岱明町野口６０６番地

鳴瀬　益幸

発明者　鳴瀬　益幸

出願番号　特願２０１３－１１５７１５

出願日　平成２５年　５月３１日

登録日　平成２９年　６月１６日

この発明は、特許するものと確定し、特許原簿に登録されたことを証する。

平成２９年　６月１６日

特許庁長官

小宮義則

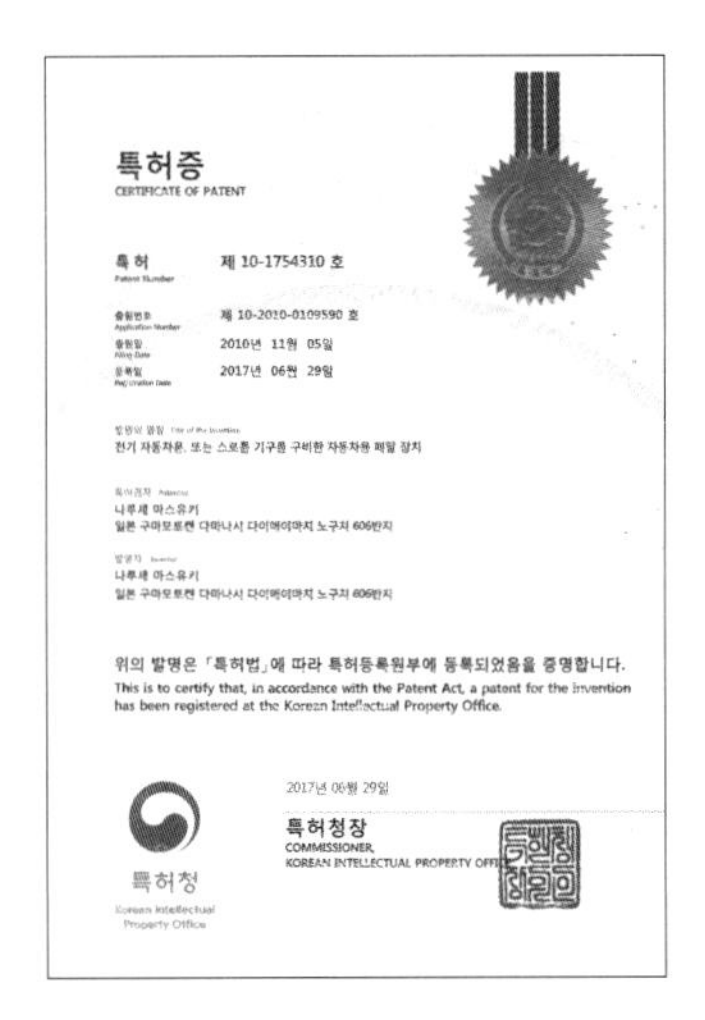

특허증

CERTIFICATE OF PATENT

특허　제 10-1754310 호

출원번호　제 10-2010-0109590 호

출원일　2010년 11월 05일

등록일　2017년 06월 29일

발명의 명칭

전기 자동차용, 또는 스로틀 기구를 구비한 자동차용 페달 장치

특허권자

나루세 마스유키

일본 구마모토현 다마나시 다이메이마치 노구치 606반지

발명자

나루세 마스유키

일본 구마모토현 다마나시 다이메이마치 노구치 606반지

위의 발명은 「특허법」에 따라 특허등록원부에 등록되었음을 증명합니다.

This is to certify that, in accordance with the Patent Act, a patent for the invention has been registered at the Korean Intellectual Property Office.

2017년 06월 29일

특허청장

COMMISSIONER, KOREAN INTELLECTUAL PROPERTY OFFICE

특허청

Korean Intellectual Property Office

【序章】　熱き人との衝撃的な出会い

ナルセ機材有限会社本社入口

ものづくりに真剣に取り組んできた技術開発の「神様」

鳴瀬益幸さんとの出会いは、衝撃的であった。

六十八年間の人生の中で、四十歳で公務員を自主退職して以来、険しい山、深い谷をいくつも乗り越え、汗と涙と感動の年月の末に現在の私がある。すべては、人との出会いがあってこその私の人生である。家族や友人・知人はもちろん、見知らぬ人たちのやさしい眼差しが、私をここまで支えてきたのである。人との出会いの数々は、私が生きてきた証でもあり、苦難を乗り越えるためのエネルギーともなった。

そんな中で、鳴瀬さんとの出会いは、いろんな意味で特別のものがあった。六十年以上、世間の荒波にもまれながら、必死の思いで小舟にしがみつき生きてきた私に、それは新鮮であり、新たなパワーを得るきっかけともなったのである。

初めて鳴瀬さんの工場（ナルセ機材有限会社）を訪れたのは、平成二十八年が終わろうとしていた年の暮れである。

「タヒチアン　ノニTMジュース」のモリンダビジネスを通じて知り合った東京の鈴木裕之さん、そして山鹿の坂本幹夫さんとの縁が、私を鳴瀬さんのもとに導くことになった。直接のきっかけは、坂本さんが五年ほど前自家用車に「ワンペダル」を装着していたことにある。

「ワンペダル」とは一体なにか。坂本さんは、なぜ「ワンペダル」に感動したのか。その開発者の鳴瀬さんとはどんな人物なのか。熊本県玉名市のナルセ機材を訪ねた私は、「ワンペダル」が生まれるまでの鳴瀬さんの生き様に衝撃を受けた。

ナルセ機材の工場に足を踏み入れた私は、油の染み、使い込まれた数多くの機械に囲まれることになる。どの機械も油にまみれているが、よく手入れされ、マシンとして精一杯生きてきたことがわかった。それらの機械群を一目見て、鳴瀬さんのものづくりにかけてきた情熱と誇りが伝わってきた。

昭和十年生まれの鳴瀬益幸さんは、今年八十二歳である。私よりも十歳以上も年上にもかかわらず、話してみて、力強い言葉に圧倒された。生きることに決して手を抜かない熱いマインドが、人生の終着駅で安閑としていた私を奮い立たせることになった。

熱い心とともに、私の心に強く響いたのが、鳴瀬さんの**「気づき」**である。見えない物に「気づく」ということの大切さである。私自身、いつも「気づけ、気づけ」と自らに問いかけていたが、それは到底中途半端なものであったのだ。鳴瀬さんの技術開発の歩みには、**本当の意味の「気づき」**が存在していた。

ナルセ機材を訪れた時に、もう一つ感じたことがある。私自身、この世界には、さまざまな意味での「神様」の存在があることをそれとなく感じていたが、鳴瀬さんの工場にもそんな「神様」の存在を感じた。ものづくりに鬼のように取り組んできた技術開発の中に「神様」が宿っていたのである。

ナルセ機材の工場の裏を見たらわかるように、試作品が山のように積まれ残されている。なにも感じない人たちには、ただのゴミのようにしか見えないかもしれない。だが、私はその鉄の塊や鋳物製の不思議な部品、ステンレス製の異様な造型を見て驚くことになる。何のためのものなのか不明だが、生き物のようなオーラが感じられる。

「これは、ただの試作品の残骸ではない。技術者の魂の塊なのだ」と知ることになる。桁違いの迫力に圧倒された。技術開発の「神様」が生み出したのが「ワンペダル」である。わからないことばかりの世の中だが、私は三十年、四十年と車に乗ってきた。なので私は、車のことはよくわかっていたはずである。

だが、「よくぞ、このペダルを研究・開発されたな」と感動した。生まれた時から自動車のペダルはこうあるものだと、頭の中に概念として打ち込まれていた。当たり前なものとして先入観に囚(とら)われていた。なのに、「そうでない」ことによく気づかれたなと。ただ驚くばかりである。

「当たり前」を「違う」と認識した能力と発想の秘密は何か。鳴瀬さんは、二十数年前に自分が、オートマチック車でバッグする時に事故になりそうだったと語った。そこから、「ああなるほどな」と発想して気づいた。現在の「ワンペダル」に至るまでには、並大抵の努力が必要だったはずである。だが、その背景には鳴瀬さんの歩んできた情熱の蓄積があったのだ。

私は、大学は出たものの、市役所を辞めて世の中に出てから、世の中の天国と地獄を見てきた。大きな壁にぶつかり、谷底まで落ち、悩み苦しみながら這い上がり、また壁にぶつかる。そのことの繰り返しである。そういう人生ドラマがある。

人生を苦しみ楽しんで、今ようやく六十八歳となった。では、一体今から何かやりたいことがあるのだろうか。何をやれるのだろうか。自分の妻や子、孫たちになにを残せるというのだろうか。次の日本を背負う若い世代に向けて、どんなメッセージが残せる

というのだろうか。身体はボロボロだが、まだまだ「人生劇場」から下りるのは早過ぎるのではなかろうか?鳴瀬さんの生き方を知って、そう感じた。

既成概念が一番怖い。概念の殻を破ることで、鳴瀬さんのような生き方ができるかもしれない。自分の殻を破るには、やはり「気づく」こと。そして、飽くなき「夢への挑戦」を続けること。それがあれば、いつまでも「人生劇場」で主役を演じることができるはずである。今でも技術開発に情熱を傾け、熱く生き続ける鳴瀬さんの人生を振り返ることで、私なりのメッセージが送れるのではないか。鳴瀬さんが演じてきた「人生劇場」を見てみよう。

※第一章以下は敬称略とさせていただきます

【第一章】真実に気づき、先を見通す能力

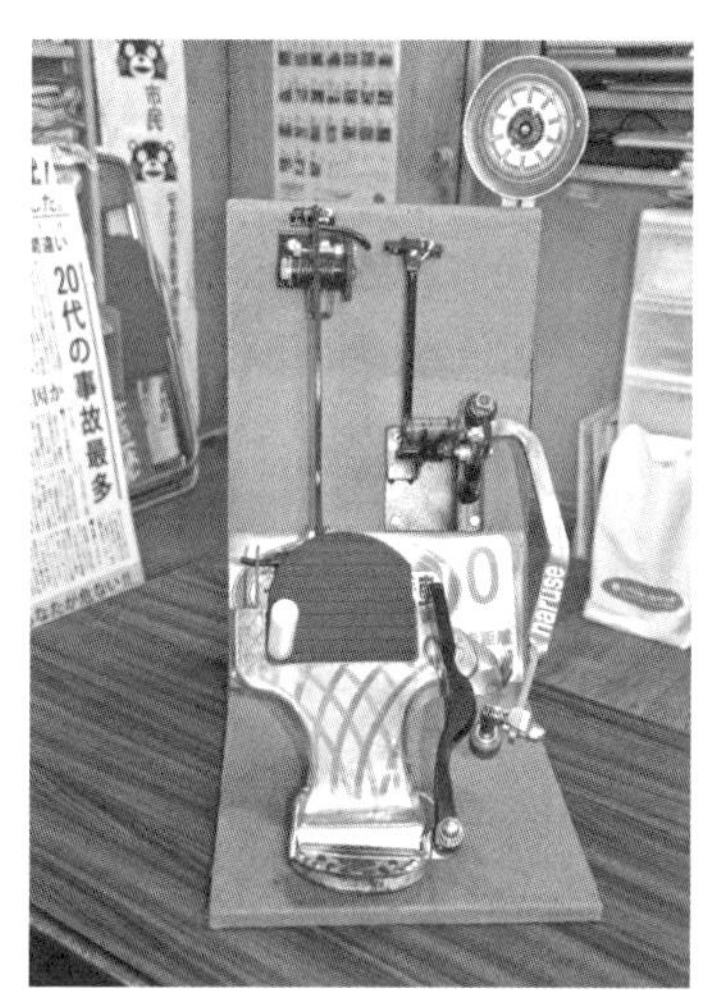

大発明のワンペダル

セーフティペダルからナルセペダル、
そしてワンペダルに進化した

知識を詰めこむのではなく、まず考えること。
その延長線上に新しい発想と本物の知識がある。

四度目にお会いした時、鳴瀬は自分の性格を次のように語った。「幼児性がそのまま翁（おきな）になった。じいさんでなくて翁にまでなった」という。

幼児は常に新しいことを覚えながら、大人に向けて一歩一歩成長していく。頭が白紙の状態であるから、先入観や概念に囚われることなく、どんなことでも吸収し、それを自分なりに咀嚼（そしゃく）していく。新鮮な感覚で学ぶことができる。

「幼児性」は、世の中の事象をありのままに観察し吸収し、その中に隠された真実を見抜く力がある。ところが、大人になると外部からたたき込まれた既存の知識で染まってしまう。真実に気づく努力を惜しみ、一般常識にしがみつくことになる。安易な方法を選び、独自の感覚で物事の真実を追究することをしなくなる。

鳴瀬の少年時代は、それとは違った。自然の摂理を見抜き、そこから本質を学んだ。

鋭い感性と直感を磨き、技術開発を通じて独自の生き方を貫いてきたと言える。

鳴瀬が生まれたのは、昭和十年十月一日である。実家は熊本市坪井で鶏肉の卸問屋を経営していた。八人兄弟の三番目。上に姉と兄がおり、その後、鳴瀬のあとには二人の妹と三人の弟が生まれる。

昭和十年は、国内が「農村の疲弊」による貧困と混乱。そして「政争」による不安の時代にあった。世相は、戦争へ向けて傾きつつあった。

前年の昭和九年十月、熊本では「某国との風雲愈々（いよいよ）急を告げ熊本地方一円は近くその空襲を予期せらるるに至れり」との想定で、防空演習が行われている。農村では生活苦がますます深刻になっていた。

当時の九州日日新聞（現在の熊本日日新聞）には、次のような投書が寄せられている。「この先どうなるだろう。これが現在農村貧農階級の心情です。大事なマユは殺人的な安値、水田の稲は枯死し稲作また同じく、実際、農村民の心は暗いです」。全国的に小作争議が増加し、小作人と地主側との紛争が相次いでいた。

昭和九年の十二月には、日本はワシントン海軍軍縮条約の破棄を米国に通告。国際社会における孤立化への道を歩み始める。翌、昭和十年八月には帝国陸軍内における統制派のリーダーである永田鉄山少将が、皇道派の相沢三郎中佐に陸軍省局長室内で斬殺される。国内は騒然とした雰囲気に包まれていた。

鳴瀬が生まれた十月一日には、第四回国勢調査の結果が発表されている。それによると、内地人口六九二五万四一四八人、外地人口二八四四万三四〇七人。不景気の続く日本国内から、外地へ向けて数多くの日本人が渡っていた。この時、熊本県の総人口は一三八万七〇五四人。うち男子六八万四〇九人、女子七〇万六六四五人であった。鳴瀬が生まれた昭和十年は、まさに日本が国難に突入する直前の時期だった。

昭和十六年十二月八日、日本はハワイ真珠湾攻撃、マレー半島上陸を敢行し、米英に宣戦布告する。戦争は鳴瀬家の運命も大きく変えることになる。

戦争が始まるまで、坪井の鶏肉問屋は順調であった。鳴瀬は小学校三年生まで、近くの碩台（せきだい）小学校に通っていた。

「あのころは鶏がおいしかった。昔の農家の庭に飼っている鶏です。老舗の加茂川さんとかあるでしょう。ああいうところに鶏肉を卸していた」という。

とくに正月前には鶏肉問屋は大忙しであった。「洋服屋あたりからも七面鳥の注文なんかがあってですね。外人のお客さんが多くて。そのころは洋服屋さんに外国人のお客さんがけっこういました。そういうところに七面鳥を納めていました」。

戦争は鳴瀬の人生に暗い影を落とすことになる。戦時下の統制経済では、鶏肉問屋の仕事を続けることが困難になる。小学校四年生になった年、鳴瀬家は母の実家のあった熊本市高江町に疎開する。高江町は、昭和十六年までは飽託郡日吉村高江で、熊本市の一部となった後も純粋な農村地帯であった。

当時の高江町での思い出を、鳴瀬は次のように語った。

「あの頃はだれもが貧しかった。うちは八人兄弟でもあるし、食べる物も満足になかった。それで、高江に疎開したのでしょうね」。

高江は田んぼばかりで、梅雨時には道もわからないほどの水害に見舞われた。そんな時、鳴瀬は魚獲りに精を出した。だが、網を買うお金などはない。

「どうしたかと言うと、ずっと仕切ってある田んぼの横に、素足で入ってドブドブと泥を混ぜてしまう。すると酸素不足で、魚がわっぷわっぷして浮いてくる。大きいナマズなんかは穴の中に入ってしまうけど、コイとかフナは浮いてくる。大きい魚は下に寝てしまう」という。

手づかみで魚を捕まえると、意気揚々と家に持ち帰った。家族たちからは「どがんして魚を捕ってくるとね、網もなかとに」と言われていた。

鳴瀬が捕まえた川魚は、貴重なタンパク源となった。酸素不足を人工的に創り出して川魚を手づかみにする方法は、独自に編み出したものだった。

だれにも教わらない。だれの真似もしない。自然の摂理を鋭い観察眼で知ることで、最良最善の手法を考え出すこと。後に、ナルセ機材が生んださまざまな独自の技術開発の元がすでに芽ばえていた。

戦後になると、食糧難はさらに深刻になる。昭和二十年十月五日、占領軍進駐第一陣二八〇人が上熊本駅に下車。七日には一〇〇〇人、十五日まではおよそ五〇〇〇人が進駐を完了する。こうして、熊本市にも占領軍が姿を見せ、ジープに乗った米兵が熊本市内で目につくようになる。十歳になった鳴瀬少年は、進駐軍の残したもので川魚を捕まえる新たな方法を編み出す。

「小さな井手が田んぼの横にあるわけ。昔はドジョウがいっぱいいたし、カエルもいる。そんなところには行軍した進駐軍の残飯が入った空き缶がいっぱい捨ててあるんです。それを拾って井手の泥の中に埋めておく。なにも入れなくてもいいんです。一晩するとちゃんとドショウが入っている。それを何ヵ所かに仕掛けて、釣り竿を持って魚釣りに行く」という。

川魚にも釣れる時間帯とそうでない時がある。鳴瀬少年はフナやコイが釣れる時間帯を狙って釣りに出掛けた。泥に埋めていた空き缶を引き上げると中にはたくさんのドジョウが入っている。時にはウナギが入っていることもあった。ドジョウをエサにすれば、さらに大物を釣り上げることができる。

家族たちは「益幸はエサも持っていかんのに、なんでそんなにいっぱい獲ってくるとね」といつも不思議がっていた。

鳴瀬は、「だれからも教わらんで生きていた。『またいたらんことしよる』と言われることがよくあった。そういう風に、小さい時から、自分で考え工夫し、だれもやっていない新しいことを生み出すことが好きだった」という。

今の子どもたちは、当時と比べものにならないほど豊かな社会に生きている。学校では、いろんなことを習い覚えるが、自分で新しいことを発想したり、未来を予想することがなくなっている。新しい工夫を編み出すこと。ものごとを深く観察したり、世の中の出来事について議論することが乏しくなっているのではないか。学校は知識を習う場としてのみ機能しているのではないか。

少年時代の鳴瀬は、知識を学ぶことよりも、目の前に存在することに対して、どうしたらいいかを「考え」ていた。「考え」の結果で導き出した手法を「実践する」日々を続けてきた。「勉強はきらいだった」という鳴瀬は、中学生になってからも授業で与えられる結論には興味がなかったという。

「因数分解で私が百点とったわけですよ。すると、成績の良い同級生が『鳴瀬が百点とった。信じられない』と言うので、私がなんて言ったかというと『当たり前』。この人たちは、自分たちは頭が良いと思っているが、それは違うと思っていた」。

鳴瀬は、学校では知識を覚えるのではなく、**考える能力**を身につけることが最も大切だと考えていた。

当時の鳴瀬には、そのような能力の必要性を直感的・本能的に感じ取っていたと言える。数多くの技術開発に取り組み、七十年近く経った後に、そのことが「見えてきた」。知識を詰め込むのではなく、まず「考える」こと。その延長線上に、新しい発想と本物の知識がある。知識と思考の関係について、鳴瀬は大事なことを示唆してくれた。

「大きな言葉で言うと、**『非常識が突破力』**だと思います。あんまり勉強しすぎると常識にとらわれる。勉強してもいいけど、本人が飛び上がるごつなるといかん。自分はこうなのだというようにならんように。結局、**「非常識の外に発明」がある。**だから、常識で考えられたことの中に意外なことがまだまだあるんですね。今の知識は統計的に常識ですから。私の言葉でいくと『非常識が突破力』だと」。

ちょっと視点を変えたり、逆の方向から考えたりすることが大事だと鳴瀬は言う。やはり、概念を捨てなくてはいけない。こうだ、ああだというのが、頭に「へばりつき過ぎている」のだと。

今の若者は、みんな頭が良すぎるのではないか。だから、不必要なことまで考え、言ってしまう。不必要なことばかり考えるから、大事なことが思考の中に残らない。

そのことを、鳴瀬が、下記のような図を書いて説明してくれた。

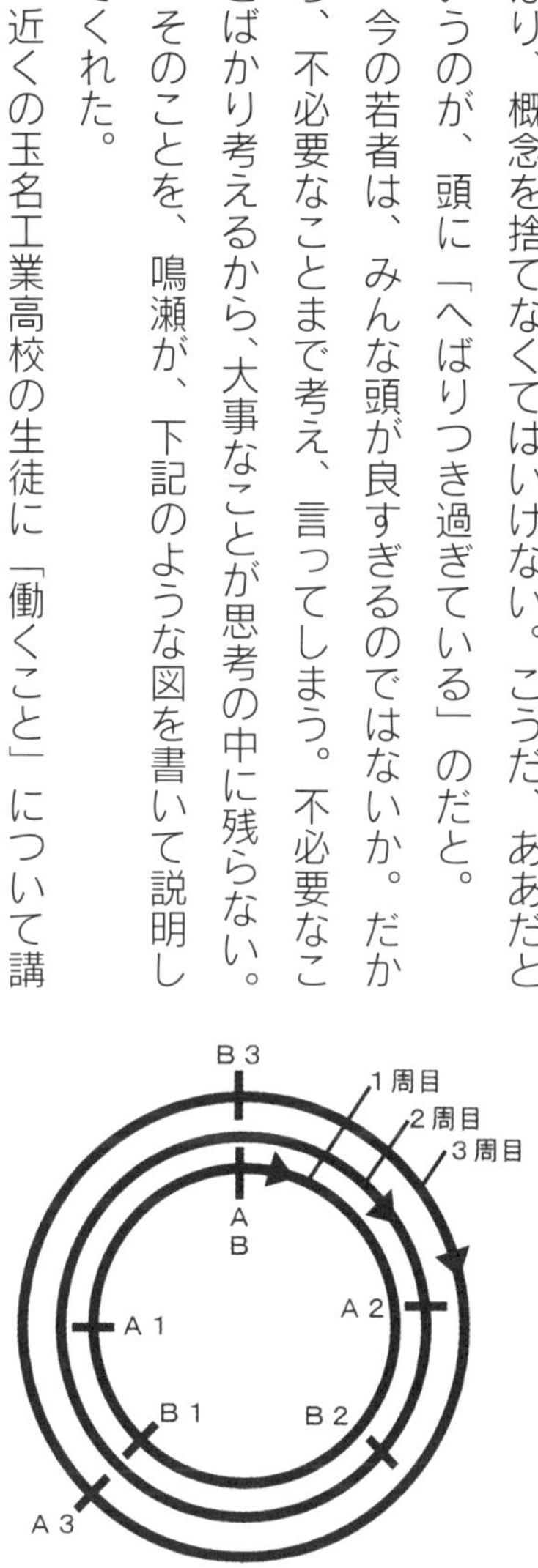

近くの玉名工業高校の生徒に「働くこと」について講

演で話した内容である。Ａという生徒とＢという生徒がいる。生徒Ａは冴えている。頭が良く、テストの点数も良い。だが、それは自分で考えたからでなく、いわば授業で得た知識であるかもしれない。

一周目、生徒ＡはＡ１で立ち止まる。知識の範囲がそこまでなので、それから先には進まずに、待機している。自分で考えることがないために、授業での詰め込み以上のことには踏み出そうとしないのかもしれない。

一方、生徒Ｂは、「考えても」よくわからないために、Ｂ１で立ち止まる。考えることで、自分が得たことの範囲までしか進まない。知識は授業で得ることができるかもしれないが、それは自分の身についたもの、実体験したこと、考えて納得できたことでないために、それより先には進まない。

だから、生徒Ａよりは先には行けない。テストの成績も芳しくないかもしれない。授業で学んだとして知っていても、納得できないことは、それはただの裏付けのない架空の知識でしかない。

二周目に、生徒Ｂは「考えた」結果、本物の知識を得ることができれば、生徒Ａを少し追い越し、Ｂ２まで進むことができる。一方、生徒ＡはＡ２で立ち止まってしまう。考えた末の知識でなければ、それ以上の進歩の余地は少なくなってしまう。「考える」ことが身に付いていなければ、授業での知識以上には先には進めなくなってしまう。

三周目まで来ると、生徒AはA3あたりで「ああ、こういうことなんだ」と結論を出して、立ち止まってしまう。だが、生徒Bは結論や知識よりも「考える」ことで、新しい領域にまで自分を進めることができる。ものごとには、「これだ」という結論が出るはずはない。

生徒Bは「考える」ことで結論に向けて少しずつでも近づくことができる。そうして、生徒Aを少しずつ追い越し、未解決の分野にまで進むことが可能になる。

鳴瀬が、自分の息子たちに語った言葉がある。「あんたたちが結論出すけん、行き詰まるじゃないか。世の中、結論は出ないんだ。博士ばかりだから」

結論を先に出そうとするから、なかなか本当の結

工場にある大量の試作品（右は鳴瀬社長）

論へ向けて進めない。無駄な知識をみんなが詰め込み過ぎているのかもしれない。

「もう少し、フランク（率直）にしなさい。頭に入れ過ぎるな」が、今の若い人たちに対する鳴瀬のアドバイスである。

鳴瀬は地元の岱明中学校や玉名工業高校で、講演会の講師として招かれている。生徒たちを前にして、教科書を丸暗記するのではなく、自分で考えたり、工夫することの大切さを力説するという。

【第二章】 熊本鉄工所で技術開発の夢へ

日給三十六円。コッペパン一つが十円。油にまみれて機械と格闘する毎日だった。

戦争は、日本人の運命を大きく変えた。人々の意識や価値観に大きな変革をもたらした。それまで、日本人が与えられていた知識や歴史観はなんだったのだろうか。戦争もある意味で知識偏重の優等生たちによって引き起こされた不幸な出来事だった。

八月六日の広島原爆投下、九日の長崎原爆投下に続いて、十日早朝には熊本県下に米軍機二一〇機が来襲する。焼夷弾攻撃から爆撃・機銃掃射も加わり、都市部・郡部、平坦地・山間部・海上を問わず無差別空襲で被害が拡大した。熊本市だけに限っても、死者五九九、負傷一三一七、家屋全壊全焼一万一四三六戸、被災者五万七一〇九人に及んだ。昭和二十年八月十五日の正午、天皇の「詔書」の放送があり、戦争は終結した。

幸い、熊本市の郊外に疎開していた鳴瀬家には、熊本大空襲によって家族たちに被害が及ぶことはなかった。鳴瀬は、この時九歳。当時、日吉小学校の四年生になったばかりで、あとわずかで十歳という時であった。

終戦後は、日吉小学校から川尻町の城南中学校に通学するが、戦後の食糧難時代には戦前坪井町で商っていた鶏肉問屋は開店のめどさえ立っていなかった。

終戦の翌年、昭和二十一年になると、熊本市中心地の辛島町に闇市が登場する。この年の稲作は、戦争による空襲と人手不足、さらに度重なる台風被害によって数十年来の凶作となる。全国の米収穫量は四千二百万石余り、熊本県内の収穫量も平年作百七十万石に対して百二十万石にとどまった。

食糧不足は深刻で、全国各地で田舎へ向かう列車が食糧買い出しの人で混雑した。熊本駅でも、一日に八～十俵の闇米が連日摘発される有様であった。

一方、軍需から民需に転換した熊本県内の民間工場では、農機具、家庭用品などの生活必需品の生産に全力で取り組み始めていた。ただし、量的生産が最優先とされ、粗悪品が出回るケースが目立ってきた。

熊本県では、その対策として、戦後の自由経済時代に乗り遅れないために、優良な必需品を生産する民間工業を指定して、優良品を表すマークをつけさせる制度を昭和二十一年九月から開始している。

「自分たちは兄弟が八人もいるから、そのころは食べるのが精一杯。だから、あの時代は技術を身につけておかないと、なんでもいいから、というのが普通の生き方でした。だからお袋も子どもたちの教育の問題を心配しながら、弟ぐらいは教育を受けさせなくてはいけないなと、弟たちからは高校に進学させるようになりました。中学を卒業して就職した自分は弟たちの犠牲になったとは思っていませんでした。もともと勉強が嫌いですから。職業に就いて早く技術を覚えたいと思っていました」。

中学校の担任教諭が「鳴瀬君、あそこに鉄工所があるが、ああいう仕事が好きかな」とおっしゃった。ただ、鳴瀬少年には何が好きだとか、こんな仕事をしたいという希望はなかった。

「わからんけんですね。単なる悪ガキなもんですから」。両親からは、技術を身につけておかないといけないとずっと言われ続けて育っていただけに、日本の戦後復興期に必要とされる技術を身につけておきたいという気持ちを漠然と抱いていた。

たまたま、熊本市萩原町に熊本鉄工所という技術系の会社があった。担任教諭が勧めた就職先が、その熊本鉄工所であった。熊本鉄工所が従業員を募集していたのが、鳴瀬少年の人生を決めた。

結果的に六十人が入社試験を受け、そのうち採用されたのが十五人であった。鳴瀬益幸は、その十五人の中に入っていた。

戦争中、熊本市やその周辺部には、軍関係の工場がいくつかあった。熊本市は九州の中央に位置し、国防上の要地として明治四年に鎮西鎮台（後の第六師団）が置かれた。熊本城本丸を中心に司令部や兵営、病院、倉庫群、兵器・弾薬の貯蔵施設などが設けられ、市内には軍関係の食糧や日用品、酒保品を納める中小企業も多く、繁栄を極めていた。熊本城は熊本市の中心であり、そこを軍が大きく支配していた。これが戦前の軍都熊本の姿である。

とくに、健軍・帯山町には昭和十九年に健軍三菱航空機工場が建設され、航空部隊が展開していた。また、師管区高射砲部隊が新設され、熊本駅や健軍飛行場等に配備されていた。そのために、戦争末期には熊本市は攻撃目標とされた。

米軍からは「熊本市内には多数の小工場があるが、その多くはおそらく市街地一・五マイル東にある航空機組立工場のための部品製作工場に転換されているものと判断される。また大きな軍事施設と重要な鉄道を有する」ところと認識されていた。

ここで言う「市街地一・五マイル東にある航空機組立工場」は、三菱重工業熊本航空機製作所のことである。製作所では、キ—67重爆撃機（軍用名、飛龍）が昭和二十年六月までに四十六機製造され、昭和二十年三月から空襲の標的となり、激しい攻撃を受けた。

三月十八日の空襲では、工作機械七台が被害を受け、死者六名、負傷者十三名が出た。さらに、五月十三日の空襲では、工作機械が九台、操業機械五十六台が被害を受け、死者八名、負傷者三名が出た。

このような中、工場の分散、疎開が計画され、六月末までに組立工場、整備工場などを残して、ほとんどが第五高等学校、済々黌、熊本中学、第一高等女学校などの各学校へ分散疎開した。熊本市内の中小工場は、三菱重工業熊本航空機製作所の下請けとして軍用機などの部品製造を行っていた。

こうして、鳴瀬少年は十四歳で熊本鉄工所へ入社する。昭和二十六年の春であった。鳴瀬が熊本鉄工所に入る二年前の昭和二十四年四月には、円の為替ルートが一ドル三百六十円に決まっている。その後の高度経済成長に向けた枠組みが決まった年である。

一方、庶民の栄養不足状態は依然として続いたが、熊本では食糧増産に向けた明るい話題もあった。八代地方の水田地帯では、食用ガエルがアメリカなど海外輸出用として捕獲されていた。農閑期を利用して、子どもたちが片手間に捕らえ、八代魚市場に多い日には一トン以上持ち込まれていた。また、天草地区ではイワシの豊漁が続き、とくに水揚げ港だった牛深は大いに賑わっていた。

翌五月には、昭和天皇が熊本県下をご巡幸するなど、熊本も敗戦の痛手から立ち直りつつあった。一方で、日本セメント八代工場労働組合の二十四時間ストに対して、会社側が工場閉鎖を通告。九州各地の炭鉱では労働組合のストも頻発するようになった。労働運動が国内で活発になりつつあった。

昭和二十五年になると、六月に朝鮮戦争が勃発。熊本県内の産業界にもさまざま影響が現れた。韓国への輸出を予定して大量生産を開始していた農機具メーカーに予期せぬ事態となる。

一方で、農業生産分野や中小企業では、景気回復への足がかりとしての期待がふくらんだ。九月には東海電極田ノ浦工場が経営不振を理由に工場閉鎖と従業員二千人の首切りを発表するなど、産業界はまだ不安定な状態にあった。

鳴瀬少年が入社した熊本鉄工所は、戦時下に分散疎開していた軍需工場の工作機械を集め、経済復興のための各種部品を製作する目的で動き始めていた。実は、工作機械のかなりの部分が、三菱重工業熊本航空機製作所関連のものであった。

鳴瀬は、機械仕上工としての職種で採用されるが、当初は「見習い工」という身分である。入社当時のことを回顧して「最初から機械をいじるのが好きというわけではなかったが、試験を受けて入った以上は頑張らなくてはいかんじゃなかですか。だから、就業前の朝早くから会社に行って、少しでも早く技術を覚えたいと考えていた」という。

「熊本鉄工所では機械がいっぱい余っていました。あっちの工場、こっちの工場から集めた機械がいっぱいあるものですから、技術を覚える環境としては大変恵まれていました」という。

熊本鉄工所そのものも、戦後復興のために短期間に生産力を高める必要があった。そのために、鳴瀬のような若い見習工に対しても、惜しみなく技術を教えた。

「芯出しといって、たとえば鋳物なんかでも、どこでも削られるから、これをどういう風にして機械で削ったらいいかと教えられた。旋盤ならば丸いのを削る。複雑な格好をしているんですね。芯出しは三面出しをして削りますが、どこを最初に削ったらいいかの技術があるわけです。じゃここを削ろうとか。こういう風に据え付けてここを削ろうとか。芯出しというのは、機械を作るもとなんですよ。それを全部教わりました」。

工場内には鳴瀬が今まで見たこともないような複雑な加工機械が大量に置かれていた。熊本鉄工所は、まさに加工技術を習得するための学校のようであった。

「みんなはかっこいいんで、機械で部品をつくる方に行くんですよ」という。現在は、旋盤工とかフライス工とか、職種が細分化されているが、鳴瀬は部品加工よりも、機械をつくる機械についての技術習得に力を入れた。機械製作の工程に応じた技術を主に学ぶことになる。

そのおかげで「一から百までずっと覚えたということになります。今は、途中から先だけの専門家になっていきますね。私の場合は、なんでも出来るものですから。仕事そのものは器用ではなかった。なんでも器用な人がいるじゃないですか。そんな人は旋盤をしたりします。私はそれには向かないですね。それは自分でわかっていました。しかし、そのことで逆に短期間のうちに工程すべてができるようになりました」という。

こうして鳴瀬は、見習工時代から特定技術のスペシャリストではなく、素材から製品までの工程を見通すことができるゼネラリストとしての能力を磨くことになる。もちろん、個々の技術習得も高いレベルに到達することが必要だが、コアな技術を組み合わせて最終的な製品まで作り上げるためには、全体をコーディネートできることが必要であった。

まわりには、優れたベテランの機械工が多く働いていたが、鳴瀬は、あえてそのような職人芸の世界を目指すことはなかった。「自分は器用ではない」ということを冷静に判断して、コアな技術を追究することよりも、世の中の役に立つもの、実用的なものをめざすことになる。

もちろんそのことは、当時の鳴瀬少年が早くも考えていたわけではなく、自分の能力を確実に見抜き、その先自分はどうすれば最善・最良な方向に進めるかを無意識のうちに考えていたからだろう。

結果的に、それが鳴瀬の最大の技術財産になり、独自の製品開発を進める時に大いに役立つことになる。しかも、少年時代から八十歳を過ぎるまで、それらの技術力開発へ向けた勉強を続けることになる。年齢に関係なく、貪欲にものを学ぶという姿勢が後に生きてくる。

入社当時、鳴瀬の日給が三十六円。それに対して、コッペパン一つが十円。それで、油にまみれた機械と格闘する毎日だから、仕事が終わった時は作業服が真っ黒に汚れてしまう。

そのまま高江の家に帰ると、母親から「そんな安月給じゃ洗濯代も出ないじゃないね。これじゃ、生活できないじゃないか。辞めてしまえ」と怒られたりもした。しかし、仕事は早く覚えなくてはいけない。

悩んだ末、鳴瀬は、そのことを会社の上司に相談することになる。そうすると「そんなことを言ったらいかんよ。あなたたちは仕事を習いながら給料をもらえるのだから、こんな結構な話はないじゃないか」と説教されたという。

鳴瀬は、「働くとはどういうことか」「どのようにして自分の能力・技術を磨くのか」「仕事に対してはどのような姿勢で向き合えばいいのか」を、熊本鉄工所で学ぶ。こうして、鳴瀬は中学校を卒業して働き始めた職場で、プロ意識を徹底的に教えられた。

昭和二十六年になると、熊本鉄工所の仕事も忙しさを増してきた。朝鮮戦争特需が、国内の産業界を潤し始めた。忙しさの中で、鳴瀬少年は工場内の機械の一つひとつに興味を示した。旋盤やボール盤などの工作機械が複雑な動きをしながら、素材を部品に加工していく。それらの加工工程を見つめながら、最終的には一つの機械へと組み込まれていくことを想像していた。それらの部品の一つひとつが、日本経済の復興を支えていく礎になっていった。

「自転車に乗って毎晩夜九時、十時に家に帰るんです。眠くて眠くて仕方がない。でも、仕事はつかえている。まだ、十五歳か十六歳の頃です。それが、徹夜を月に十回しているんです。その時の残業時間を覚えていますが、一ヵ月の延べ残業時間が百七十二時間ありました。その中で病気をした人もいます。私はこうして今まで健康でやってきましたが、今考えると危ないところでしたね」という。

中学校を卒業して、まだ一、二年しか経っていない鳴瀬は、ベテランの職人たちと混じって夜遅くまで工作機械と格闘していた。

昭和二十六年には、飽託郡河内町（現熊本市）、玉名郡天水町（現玉名市）のミカンが大豊作となる。予想をはるかにオーバーする収量となった。熊本県は当初五百万貫の収獲を見込んでいたが、県内消費百万貫、県外消費百万貫を合わせてもさばける見通しは立たなかった。食糧事情は確実に好転していた。

一方、熊本県内の中学卒業者は三万五千人余りだったが、このうち高校進学希望者は三十四％。前年よりも十％減り就職希望者が増えた。高校進学も商業高校、工業高校への進学希望が多くなった。国内経済が上向きになるとともに、若い働き手の需要が増え、それに対応するように職業高校への進学希望が多くなった。

また、十二月には天草炭のホープとして、天草郡苓北町の志岐炭田で月産三千トンを目指す坑道の開坑式が行われた。志岐炭田は徳川時代から明治末まで採掘され、推定埋蔵量一億トンで良質なキラ炭を産出していた。新たな坑道は久恒炭鉱（本社東京）が三億円かけて整備したもので、旺盛な石炭需要に対応するものだった。

翌昭和二十七年六月には、鶴屋デパートが開店。熊本市内では銀丁に次いで二つ目の百貨店であった。さらに、十月には同じ熊本市内に大洋デパートもオープン。庶民の消費生活にも若干の余裕が見られるようになっていた。

鳴瀬は、熊本市郊外の高江町から自転車で通っていたが、残業で遅くなるだけでなく、仕事を終わった後にも自主的に工作機械の操作を勉強した。自宅に帰るころはいつも夜になっていた。自転車を漕ぎながら「いつかは自分の工場を持って、自分の手でみんなに喜んでもらえる製品を開発する」という夢を抱いていた。

当時の仕事として印象的だったのが、創業まもないブリヂストン（福岡県久留米市）

からの発注で、タイヤのモールド（金型）製造である。まだ、ブリヂストンが久留米市に本社があった時代である。同じ久留米市に本社があるアサヒ地下足袋（日本足袋株式会社・現在のアサヒシューズ株式会社）の工場長が熊本鉄工所に入社していた関係で、ブリヂストンから仕事を請け負うことになった。

鳴瀬は「久留米から来た人は、なかなか優秀でよか男でね。その人がいろいろと仕事を取ってきていたんです。少年の目から見ても、やり手の人ばいなと思った」という。身近なところに、働くことの素晴らしさを教えてくれる人たちが沢山いた。

【第三章】熊本鉄工所から堤歯車製作所へ

工場裏にある大量の試作品

次にどうすればいいかを考え、
そして工夫することが解決の糸口になる。
そこから「ひらめき」が生まれる。

鳴瀬少年の熊本鉄工所での修行は、わずか二年余りで終わりを告げることになる。この年、人生の大きな転機となる出来事が起こった。

昭和二十八年六月二十六日、熊本県下はすさまじい豪雨に見舞われた。熊本市での一日の雨量が四一一・九ミリ、阿蘇山では四三三・三ミリ。熊本測候所が明治二十二年に開設されて以来、記録的な大雨となった。いわゆる「六・二六水害」である。

豪雨によって県下各地の河川が氾濫、交通・通信に大きな被害を与えた。とくに、阿蘇から流れる白川の下流域に位置する熊本市での被害は甚大であった。二十六日夕方から夜にかけて、熊本市中心地では白川に架かる小磧橋、明午橋、代継橋、泰平橋、銀座橋などが次々と流失。熊本市内に十七ヵ所架けられていた白川の橋梁は、長六橋と大甲橋を除き通行ができなくなった。堤防からあふれ出した火山灰混じりの泥水は中心街に流れ込んだ。

「あの時、銀座橋が流れました。とにかく会社のモーターや機械類はもちろん、工場全部が泥水に浸かりそうになったんです。たまたまその日に工場に私はいたんですが、一人ではどうしようもないもので、川向こうの長安町に住んでいた先輩を呼びに行くために銀座橋の根元に立っていました」という。

そのころ、春竹町にあった熊本鉄工所前の道路はまだ砂利道で、南熊本駅前だけが舗装されていた。しかし、白川からあふれ出した泥水で駅前は海のようになり、周辺の製材所から流れ出した木材がプカプカと漂っていた。

当時、熊本鉄工所の従業員は百名ほどいたが、水害によって機械設備が浸かってしまったため、仕事ができなくなってしまった。まだ使える機械もあったものの、床下を掘って動力線をつないでいたため、電力系統がすべて使用不能となった。熊本鉄工所の株主には中央紡績や熊本製粉など、熊本の一流企業がそろっていたものの、被害が大きいために再建は断念され、工場は閉鎖されることになる。

その時、熊本鉄工所の先輩が「堤歯車製作所が社員を募集しているぞ。行くかい」と誘ったことで、鳴瀬は堤歯車製作所に入る。同じ年の八月、鳴瀬少年は新天地で再出発することになる。

鳴瀬が熊本鉄工所にいたのは二年ほど。しかし、熊本鉄工所は熊本の鉄工業のルーツともいえる存在であった。工場閉鎖によって、社員たちはばらばらになるが、技術力をかわれて別の鉄工所へ移った社員が多かった。なかには、株主だった製造業に役員として迎えられたり、工業高校の教員となった社員もいた。熊本鉄工所は熊本の製造業の礎を築いただけでなく、その後の熊本の製造業を支えた多くの人材を輩出した。

鳴瀬が新たに入社した堤歯車製作所は、熊本市萩原町にあった。敷地がおよそ七千坪ある大きな工場で「そこがまた優秀な仕事をする会社」だったという。歯車関係、ポンプ機械が主業務で、旭化成関連の仕事などを請け負っていた。

鳴瀬は養成工として働き始め、機械加工製作の勉強をやり直すことになったが、その前に熊本鉄工所で二年間の経験があったことが役立った。

「もうどんな機械でもある程度使えるじゃないですか。実務をさせられているから。基礎的なことは教えられている。その上で新たな勉強をしたわけです」。

堤歯車製作所には、熊本鉄工所より最新鋭の工作機械が揃っていた。旋盤はもちろん、フライスとよばれる一枚ないし多数枚の切刃をもつ工具を用いて加工を行うフライス盤工作機械があった。

平削り（プレーナー仕上げ）・リーマー加工・エンドミル加工・平削り加工を行う工作機械があり、工作物を固定したテーブルを往復運動させ、テーブルの運動方向と直角方向へバイトを送り平面削りを行う精密加工が行われていた。ブレナー加工は往復運動のためフライス加工に比べ精度が良く、仕上げ加工として行われていた。

鳴瀬は、入社すると新鋭機械を前に目を輝かせた。それらを使いこなせる技術を必死に学んだ。

「なんでも教わるわけですね。そして、会社からもなんでもさせられた。生き残るために会社も必死だから、どんどん技術を習得させました」という。

堤歯車製作所は業務拡大を目指して、三井関連や炭鉱用の機械類の製造にも手を広げることになる。それが結果的に鳴瀬の技術レベルを飛躍的に高めることにつながった。

「とにかく忙しいんです。あちこちの会社の仕事が入ってくる。『鳴瀬君、次の仕事はこれだ』と上司が言って図面を渡す。『今度、これば作ってくれ』と。いろんな業種、いろんな会社から、「こんなものを作ってほしい」と言ってくる。同じものばかり作っていたわけではなかった。

中央紡績との関係があったために、自動織機の製作を手がけることもあった。織機として工場で稼働することができる製品を、鳴瀬は最初から任された。

あるいは、三井三池から炭鉱関連の注文が舞い込み、採炭機械に使う歯車の減速装置・増速装置を手がけることになる。三菱グループの総合機械商社西華産業が、三菱関係の減速装置などを手がけており、堤歯車製作所への発注があった。

当時、日本の繊維産業の成長期にあったことから、旭化成の「カシミヤ」「ベンベルグ」、三菱の「ボンネル」、帝人テトロンの「ポリエステル」などの化学繊維が登場した時期にあたる。

これらの化学繊維産業では、原材料を送出するための特殊なギアポンプが必要だった。堤歯車製作所は、ポンプに使う特殊歯車の製造が得意だったため、若くて技術力のあった鳴瀬も製作に関わることになった。

そんな状況にあっても、鳴瀬は貪欲に工作機械の操作技術の習得にあたった。一日の仕事を終えた後、夕方からは工場の先輩に教えを乞うた。

「先輩からはいろいろな勉強をさせてもらいました。徹底的に教えてくれました。昔は、今とは違うと思います。弟子と親方の関係でした。熊本鉄工所の時もそうだったように」。

熊本鉄工所で身につけた基礎技術に、堤歯車製作所の経験・技術がプラスされ、将来への財産として残った。鳴瀬は納期的にもレベル的にも厳しい仕事を任されながら、新技術を身につけていった。だが、いやいやながら学んだわけではなかった。「これはまたよか機械のある」と、自分から積極的に学んだ。ものづくりに真摯に向き合ってきたことが、後々になって独自のものづくりを生み出す下地となった。

経験と努力の積み重ねが、急速に鳴瀬の技術力を高めていったが、同時に責任も重くなった。大手メーカーさえも出来なかった仕事が、堤歯車製作所にまかされることもたびたびであった。

会社が利益を出すためには、営業担当者が「うちはなんでんできます」と言って、これまで手がけたことのない仕事を取ってきたことがあった。「川崎重工ができんとを堤歯車ができるとね」と言われて、設計担当者に『こういう歯車をできないか。川崎重工でも帝人テトロンの原液を送るポンプで頭を痛めているから』と連絡があると、経験がないにもかかわらず『そういうのは得意です』と答えて仕事が来たこともあった」という。

当時、ポンプ用の歯車はステンレス製が主であった。ポンプ一式五台で千五百万円ほどの受注金額であった。だが、ステンレスだと腐食して、歯車がネズミにかじられてしまうことがあった。そのことで、川崎重工は苦労していた。

そんな状況を知って、堤歯車製作所の社長は「鳴瀬、でくっとか」と心配することになる。しかし、受注した以上は責任を果たさないと、会社の信用に傷がつくことになる。納期にも間に合わせる必要もある。

どうしてでも、発注元の満足するものづくりを成功させるのだという**「プロ意識」**。どうにかして、納期通りに仕上げてみせるという**「情熱」**。その中で、鳴瀬の生き方は一つの方向性を示し始める。

「どこかの下請けではなく、だれかが開発した技術を利用するのでなく、自らの**発想**と**気づき**をもとに新しいものづくりに取り組む」という意識が知らず知らずのうちに醸成された。

戦後の日本の産業が夜明けを迎えようとしていたこの時、鳴瀬は「担ぎ出されて」仕事をした。堤歯車製作所で重要な仕事を任されたのは、熊本鉄工所時代に工作機械の使い方を習得していただけではない。情熱があるためでもない。未知のことについても恐れることもなく、自らの能力を正面からぶつけて切り開くのだという強い意志があったからだろう。

鳴瀬は「私には負けん気がある。そのことを表現するのにぴったりな言葉があるんです。『鳴瀬家は攻撃的』だと。それをエネルギーにしている家系かもしれません」という。ただ、「負けん気」だけでは、革新的な発想は生まれない。戦後の高度経済成長期を目前にして、「ものづくり」に向けた抑えきれない衝動が、鳴瀬を動かしていった。

堤歯車製作所でも納期が近づくと残業が続いた。鳴瀬は、当時のことを思い出して「よく病気にならなかったと思います。何人か病気しましたですもんね。徹夜を確か十日した。二十四時間仕事をして、次の日も少し休んでから徹夜したということになります。詰めてしなくてはいけないでしょう。納期もありますから。途中で仮眠はせんといかんけど、眠りかぶって仕事をしました」。

通勤は、熊本鉄工所時代と同様に自転車だった。高江から田迎の田圃の中を四十分近くかけて通った。残業で夜遅くなることはたびたびである。当時の国道3号線（旧道・現在の市道）はまだ砂利道であるが、そこを自転車で行き帰りした。

旧国道脇には、横に幅二メートル、深さ一・五メートルほどの水路があった。鳴瀬の自転車にはライトが付いていない。残業で夜遅くなった暗い砂利道を自転車を漕ぐが、街灯がろくにない時代である。鳴瀬は、自転車の先にパイプをくくりつけ、その先端に機械油を湿したボロ切れをくくりつけ、火を灯してライトの替わりにしていた。

「とにかく眠くて眠くて。眠りこけて、水路に返りこけたことがあった。水路からはい上がり、ようやく高江まで帰ったが、衣服はぐっしょりと濡れていた。翌朝出社する時に、落ちたのはここらへんだったかなと見たら、水路には水がたまっていた」という。

昭和二十年代後半は、労働者の権利意識が高まり始めたころである。堤歯車製作所でも、まだ残業手当の制度は整備されていなかった。国内の労働運動の高まりのなかで、堤歯車製作所でも労働組合が誕生する。「労働基準局からやかましく言われて、結局残業手当を払わんとできんようになったんです」という。

堤歯車製作所に労働組合が発足すると同時に、鳴瀬も組合に加入する。当時の社員数は百名ほど。社員全員が組合に加入した。

「私の先輩が組合長でした。だから逃げられんじゃないですか。組合長は頻繁に会議があるから、工場の方が手が空いてくるでしょう。だから私が仕事をせないかんようになって」と、組合が結成されると同時に鳴瀬への負担も重くなるという皮肉なことが起こった。

ある日、社長から「鳴瀬君よかね」と呼ばれ、鳴瀬少年は「定板」（じょうばん）の前に連れて行かれた。「定板」は長さ三ｍほどの厚い鉄製のテーブルで、部品の「芯を出す」重要な機材である。

「鳴瀬君、これを使いなさい」と言われ、「定板」の責任者に抜擢された。二十歳そこそこで、早くも職長待遇となった。

工場内には四つの「定板」が据えられており、それぞれに加工班が所属していた。「定板」を与えられたということは、各班のリーダーとして責任を持って仕事をまかされたことになる。

当時、堤歯車製作所の技術レベルは、九州でもトップクラスにあった。熊本鉄工所もそのころとしては最新鋭の加工機械をそろえていたが、社員の技術レベルには差があった。堤歯車製作所は会社全体が新しい技術開発に挑戦するという意気込みに溢れていた。

そんな中、鳴瀬も、大手メーカーから引き抜かれた社員やベテランの職工、技術力を武器に各地の町工場から移ってきた職人たちにもまれながら、技術の習得に必死に取り組んだ。

「職人の指導者が佐世保重工に勤めていた人で、なんでも詳しい。それと、大阪から旋盤の職人が入ってきていました。だから、非常に学ぶ機会が多いんです」。それぞれの分野で専門知識を持っていた職人がいて、鳴瀬はそれらの先輩から手当たりしだいに技術を吸収していった。

会社自体も次から次に新しいことに挑戦しないと、利益には結びつかない状態だった。大手の下請けとして必ず仕事が入って来るわけではなかった。鳴瀬も、毎日のように新分野の仕事に取り組み、その結果としてどんな注文が来てもこなせるようになっていった。その中で、臨機応変に工作機械を使う方法や**既成概念**にとらわれない仕事のやり方など、他の社員たちと違う自分なりの工夫に目覚めていった。

新しい取引先として開拓した企業に農機具メーカーの井関農機があった。すでに堤歯車製作所では、農機具用の歯車の焼き入れをする技術を持っていた。井関農機もそんな企業を探していた。そんな両社の接点から、井関農機との取引が始まっている。

堤歯車製作所では、歯車をすべて機械で加工した上に焼き入れ工程まで行い、井関農機に納めることになる。鳴瀬は焼き入れ工程も手がけ、技術の幅を広げていった。

たとえば列車の車輪の中の軸芯と実際にレールに当たるリム部とは材料が違う。同様に、太い歯車は鋳物では軟らかすぎるため強度が足りない。そのため、歯車の部分は鋳物より強い鉄鋳物を使用する。さらに、車輪のように焼き延べ加工を行い、その後冷やすことで、強度が高まる。堤歯車製作所の工場内では、そのような焼き入れ作業が行われていた。

「焼き入れからなんからやりましたので、いろんなことを経験したというか、経験させられた」と鳴瀬は言う。

八十歳を過ぎた鳴瀬は、「子どもの頃は勉強嫌いでした。ただ、勉強すればできると思うんです。だから、能力がない劣等生だったわけではないと思います。いろんなことを考える能力はついていた。会社に入ってからもそうです。『鳴瀬がまたいたらんことしよる』とよく言われていました。自分で考えていろんなことを試してみることが好きでした」という。

どんな企業にも指示待ち症候群の人たちが必ず存在する。指示されるまで待っている、自分では考えない人たちがいる。鳴瀬は少年時代から、それとはまったく対照的な道を歩んできた。

「ネジを切ったりするじゃないですか。大変じゃないですか。まっすぐいかない。直立ボール盤の中にクラッチの部分があるんです。私は、そのクラッチをうまく利用していました。今はネジを簡単に切れるようになっていますが、そのころは違った。だから手で回していた。だけど、これだとまっすぐいかない。だが、自分で考え工夫すると解決するんです」。

「次にどうすればいいかを考え、そして工夫する」ことが、いざという時に解決への突破口となることを示すエピソードがある。鳴瀬が堤歯車製作所に勤めている時の出来事である。

三菱がセメント転炉を大牟田市に建設した。転炉装置は堤歯車製作所で製作している。試運転の当日、すでに紅白の幕を張って三菱本社から役員たちが大牟田の現地まで来ていた。午後三時からいよいよ式典が始まる。試運転ではセメント転炉を回すことになる。高さ二十メートルの巨大な転炉である。堤歯車製作所での担当が鳴瀬だった。

いよいよ試運転という時になって、設計のミスで潤滑油が出ないことに堤歯車製作所側が気づいた。堤歯車製作所からは社長をはじめ、部長、課長などの幹部が全員式典に列席している。幹部たちの顔が青ざめた。「どうするか。鳴瀬君、なんか方法があるか」。

「そうですね。時間もあんまりないな」。フィルターは薄い鉄板が重ねてあり、そこを通って潤滑油が濾過されながら少しずつ落ちてくる設計である。設計時に濾過器を潤滑油が通過する容量が不足している。薄い鉄板はボルト四ヵ所で締めてある。

鳴瀬は濾過器部分をよく観察してから考えを巡らせた。鉄板の一部を抜くと潤滑油の通りがよくなり容量を増やすことができるが、濾過が十分にできない。

「時間がない。どうするか」と幹部たちがせっつくので「鉄板をひん曲げよう」。鉄板を少し曲げてやると隙間が生まれる。鉄板は一枚も抜くことはせずに、全部を少し曲げたことで、通過する潤滑油が適量となった。
どんなことに対しても常に**観察**して、その事態に対して**「考える」**習慣を持っていれば、**「ひらめき」**も生まれる。

【第四章】　独立して海苔分野での開発研究へ

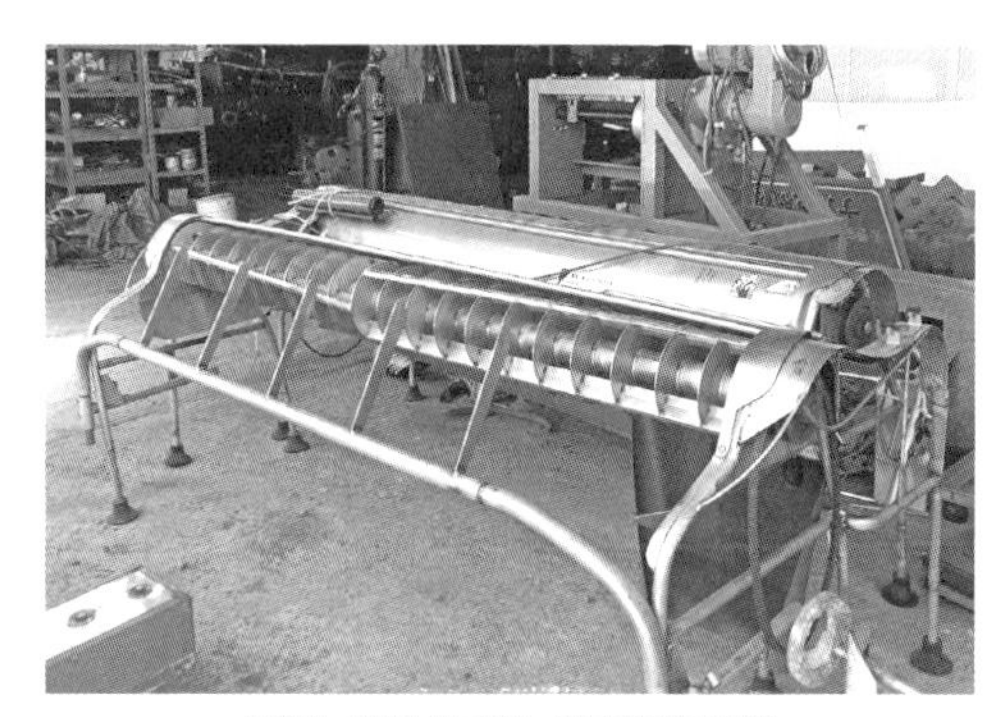

鳴瀬式熱風回転式海苔乾燥機

海苔の生産者の救世主、鳴瀬が開発した自社製品「鳴瀬式熱風回転式海苔乾燥機」は、爆発的なヒット商品となる。

昭和三十四年、大牟田・荒尾で三井三池炭鉱の労働争議が始まる。三井三池炭鉱は三井鉱山系の炭鉱で、戦後ＧＨＱの民主化政策で早くも昭和二十一年に労働組合が結成されていた。もともと三池炭鉱労組は労使協調派が主流で、労働争議には消極的であった。しかし、昭和三十年代に入ると、国内のエネルギー源は石油へと移り変わり、石炭需要が落ち込みを見せ始めていた。三井鉱山は経営合理化のために希望退職を募った末に二千七百人を指名解雇した。会社側の措置に炭鉱労働者と事務職員が反発し共闘して指名解雇に反対、長期間のストライキに突入する。

翌昭和三十五年一月には、会社合理化に反対する三井三池労組が指名解雇通知の一括返上とともに会社側の業務命令を拒否。三川・四山の両抗で組合員が強行就労する。会社側は対抗措置としてロックアウトを通告。これに対して労組側は無期限ストに突入している。ストライキは百十三日間に及び、会社側は指名解雇を撤回、労働者側の勝利に終わった。

そのころ、国内では高度経済成長の始まりとともに、地方から都会へ労働者の大移動が起こっていた。中学を卒業したばかりのたくさんの少年少女たちが「金の卵」ともてはやされ、故郷を離れ就職のために都会へ旅立って行った。一方で、産業構造が変わる過渡期にあって、労働者の権利意識も高まりを見せていた。

当時、堤歯車製作所で労働組合員だった鳴瀬も、三井三池労組支援のために大牟田へ出掛けた。堤歯車製作所でも、社員たちの献身的な仕事で会社を支えていたが、まだ残業手当を支払うという制度はなかった。

鳴瀬は「残業手当はありませんでしたが、あとからは労働組合が会社側と交渉して残業手当を勝ち取りました。そういう感じで、国内のあちこちで労働争議が起こり、まだ世の中がまとまっていないというか、落ち着いていない時代でした」

だが、昭和三十五年に堤歯車製作所が倒産する。堤歯車製作所は、天草に今富炭鉱という炭鉱を所有していた。天草西海岸ではベトナムのホンゲイ炭同様に優秀な無煙炭を産出しており、今富炭鉱はコークスを作るのに欠かせない無煙炭を三井三池に納める計画を持っていた。

今富炭鉱に隣接して、旭鉱業が鉱区を所有して無煙炭を産出していた。今富炭鉱が、二億円ほどかけて鉱脈を捜しながら掘り進めていたが、旭鉱業の鉱区に入ったために掘削がストップすることになる。

今富炭鉱は、堤歯車製作所が製作した当時としては最新鋭の掘削機械を導入していたものの事業は中断。三井三池での労働争議や石炭需要の減少もあって、無煙炭の産出は白紙となる。堤歯車製作所も今富炭鉱の操業停止の余波を受けて、結果的には倒産することになった。

すでに堤歯車製作所の現場で中心的な役割を担っていた鳴瀬にとっては、熊本鉄工所に続く不運であったが、本人は決して落ち込むことはなかった。堤歯車製作所に在籍したのは六年半ほど。その期間に多くの優秀な先輩たちから貪欲に技術を吸収したことが、人生での財産となった。

鳴瀬は「堤歯車製作所には専門知識を持った先輩がたくさんいたので、自分がすべての工程をするわけではない。しかし、そういう環境の中で仕事をしてきたことで、なんでも手当たりしだいやるのだぞという意識が生まれた」という。

「負けん気の強さ」と常に「前向きに生きる」という生き方が、鳴瀬を次のステップへ導くことになる。

昭和三十四年から三十五年にかけては、熊本では三池争議とともに水俣病が大きくクローズアップされていた。昭和三十四年十月には水俣病の漁業補償をめぐって不知火海区の漁民四千五百人が新日窒素水俣工場に押しかける「水俣病事件」が発生。翌昭和三十五年十月には、新日窒素水俣工場と水俣漁協との水俣病関係漁業補償紛争がようやく解決にこぎつける。企業の利益と働く人の生命・権利との戦いであった。このころから、経済最優先で進んできた日本経済に、さまざまな歪みが表面化し始めていた。

そんな時代、鳴瀬は、二十代の後半に入ろうとしていたが、すでに機械製造加工のさまざまな経験を積み重ね、独自の製品開発に乗り出すだけの技術力を身に付けていた。

堤歯車製作所が倒産してから二ヵ月後、鳴瀬は大牟田市の山口鉄工所に呼ばれることになる。

「三井関係の仕事をするために大牟田に移ったわけです。堤歯車製作所の残務処理をするために山口鉄工所というところで仕事をすることになりました。山口鉄工所に勤めるわけではなくて、歩合制でした」。

山口鉄工所からは基本的な給料はいただくが、山口鉄工所から仕事を請け負って、契約金額の何%かもらうというかたちで働いた。この時には、熊本から堤歯車製作所の元社員など五名を大牟田に連れて行った。熊本工業という名前で仕事をしたが、自分が引っ張ってきた責任もあり、仲間たちの寝起きするところや食事の世話からすることになる。

鳴瀬は実質的には熊本工業の代表として表に立っていたが「毎日真っ黒に汚れてみんなと一緒に仕事をしていましたから、自分が社長だというような気持はありませんでした。若かったこともあって、今、思い出してみても本当に苦労したなという記憶はなかったですね」という。

ただ、困ったことがあった。「仕事をしてもなかなかお金が入ってこなかった。どうしてかな?」と調べてみると、三井三池製作所が発注元となり、代金を払っていたものの、下請けとの間に入っている商社が代金を握ったまま、下請けに支払わないことがわかった。

決められた金額が受け取れないままでは、仕事をボイコットするしかなかった。当時は、まだ労働者の権利がないがしろにされることも珍しくなく、鳴瀬は対抗策をとった。

熊本工業のスタッフが現れないために「なんで出てこないのか」となって現場が混乱、仕事がストップすることになった。

鳴瀬が「お金を払ってもらえない。何ヵ月分とたまっている。それで米を買う金がない」と訴えると「これはいかん」となって、三井三池製作所から「月どのくらいいるんですか」の問い合わせがあった。鳴瀬の「強気」が、大企業を動かし、それ以後、三井三池製作所は熊本工業へ直接振り込むようになる。

昭和三十五年十一月、大牟田・荒尾で続けられた三井三池の労働争議は、労使の平和宣言で一応の解決を見た。争議の規模、犠牲者の数などで、日本の労働争議史上、最も激しいものとして記録される。スト日数は昭和三十四年八月以降四百三十日余り、乱闘事件もおよそ六百件を数えた。検挙者数九百八十四人で死者五人、負傷者二千数百人。動員数は、三池労組延べ三百万人、総評の全国オルグ延べ六十万人。熊本市からオルグの一員として駆けつけた鳴瀬も含まれていた。

三井三池の労働争議は、働く者の権利を守る当然の行為だったが、一方で自分たちがいつまでも下請けとして安閑として仕事をしていては、決して幸せを勝ち取ることはできないことを知った。身近なところで繰り広げられた働く仲間たちの怒りの姿をみて、鳴瀬は自分の技術と能力で、どんな大企業にもまけないものづくりが必要だと痛感した。

鳴瀬は、当初熊本市高江の自宅から大牟田まで通い、熊本工業の仕事をしていたが、夜遅くまで働いていると、行き来する時間が負担になっていた。そこで、大牟田市鳥塚町に小さな工場を建てて、そこから山口鉄工所へ出掛けるようにした。

「山口鉄工所にも従業員がいるじゃないですか。給料が違うから同じ工場で働くのでは、お互いに具合が悪いわけです。だから、私も工場を持っていて、山口鉄工所へ出ていくようにしました。そうすれば、向こうも名目が立ちますから」。

昭和三十六年になると、高度経済成長の荒波が全国各地に押し寄せるようになる。三月には、有明製鉄が熊本市内で有明海の砂鉄を利用する製鉄を開始。これを受けて、熊本県が有明臨海工業地帯調査本部を設置し、砂鉄埋蔵量の調査を開始する。四月には、玉名郡長洲町地区で砂鉄関連調査が開始される。荒尾市から玉名市にかけての有明海沿岸地域が工業地帯として注目を集め始めていた。

大牟田での仕事が四年経つと、鳴瀬は二十六歳となった。仕事ぶりが買われて、山口鉄工所の社長から絶対の信頼を得るようになる。

「社長が私に嫁さんを貰わせようとしたんですね。私のために家を建てようとしました。そういうのが好かんじゃないですか。そういうつもりはないと断りました」。

結局、「じゃ仕事だけは手伝ってほしい」ということで、大牟田で山口鉄工所の仕事を続けることになった。

鳴瀬の頭の中では「こういう状況で今はいいけれども、このままではいかんな」という考えがどんどん大きくなっていた。「オリジナルの製品を作らないといつまでも下請けのままだ」ということに気がついた。しかし、仕事は相変わらず体を壊すほど忙しい。

そんな多忙な日々の合間に、鉄板を切る**高速シャーリング切断機**を開発する。自社独自の製品を作るという研究開発型企業の基礎が芽ばえた。

当時の大牟田は、三池炭鉱の縮小という暗い話題がある半面、国内有数の海苔漁場として海苔業界は好景気に湧いていた。鳴瀬は、開発した高速シャーリング切断機を取引先の萩原鉄工所に納入する。その時にたまたま、萩原鉄工所に大牟田の海苔生産者が来ていたことが、海苔業界にコミットするきっかけとなった。

「どこか海苔の乾燥機を作ってくれるところがなかろうか、だったんです。それが海苔との出会いでした。それで『どこですか、あんたは』とおっしゃるので『すぐそこ。歩いて五分ばかりのとこです』と言うと、『乾燥機を作ってもらえんかな』とおっしゃった」。海苔生産者とのなにげない会話から、海苔乾燥機を手がけるようになる。

そのころ、毎年のように海苔乾燥機が原因で乾燥小屋が火災になっていた。「海苔生産者は困っているので、なんとかならんか」という。当時は「鉄砲窯」といってパイプをバーナーで炊き、その上に金網をかぶせて海苔を乾燥させていた。ところが海苔の乾き具合によっては、乾燥中に海苔がパッと外れるトラブルが起こり、それが原因で火災が発生していた。しかも、能力的にも満足できるものではなかった。

海苔生産者から詳しく事情を聞いた鳴瀬は、火災になることのない安全な海苔乾燥機**「鳴瀬式熱風回転式海苔乾燥機」**の開発に着手する。それまでは、熊本市の機械メーカー二社が箱形の窯の乾燥機を作っていたが、乾き方にどうしても「ムラ」が出るために、海苔の仕上がりがよくない。そのため、海苔の価格にも影響が出ていた。とても生産者が満足するような乾燥機ではなかった。

「一度見せてくれませんか」と、鳴瀬は海苔生産者のもとに出向き、実際の海苔乾燥機の構造をじっくり観察して火災の原因を調べた。海苔用機械は初めて手がける分野である。そう簡単に開発できるわけではない。既存の機械を徹底的に研究し、火災の要因となる**構造上の問題点**を取り除くことにした。しかも、エネルギー効率に優れたものでなければならない。

開発中も海苔生産者は鳴瀬の工場まで来て「いつできるか」と、待ちきれなかった。それほど、新型の海苔乾燥機械への期待は大きかった。

鳴瀬は、回転式の乾燥装置を考案した。乾き方にも「ムラ」が出なくなり、火災の発生要因もなくした。開発した自社製品「鳴瀬式熱風回転式海苔乾燥機」は、**爆発的なヒット商品**となる。

「それが売れてですね。大牟田の海苔生産者がほとんどつけていました。そのころは、農業をしながら海苔もするという生産者が多かったんです。大牟田だけでも、ひとつの海苔生産組合で四、五百戸もいたんです。大牟田全体では相当な数でした」という。

大牟田での評判を聞いて、熊本の海苔生産者も競うように「鳴瀬式熱風回転式海苔乾燥機」を設置していった。

初めて手がけた海苔関連の機械によって「ナルセ」の名は、あっという間に全国の海苔生産者の間に広まった。乾燥機の成功は、海苔生産に関わるさまざまな機械開発につながった。生産者から次から次にと、さまざまな機械の要望が寄せられた。

鳴瀬は、それらのニーズに応えるために、海苔に関する文献を読み漁った。海苔の専門家や研究者にも教えを乞い、研究開発に没頭した。試作と改良をくり返すことで、自分が納得できる機械の開発に力を注いだ。ここでも、鳴瀬の「負けず嫌い」な性格がいかんなく発揮された。

戦後まもなく機械工として先端機械を使い、日本の産業復興の一翼を担ってきた鳴瀬の頭の中には、常に開発する機械の設計図が浮かんでいた。

そのころ、有明海沿岸地域では、有明製鉄の生産計画が動き始めていた。昭和三十六年八月、熊本県玉名郡長洲町での製鉄工場建設計画と生産計画が決定。上京中の寺本広作熊本県知事に八幡製鉄所の島村常務（有明製鉄社長）から説明が行われている。

これによると、操業中の熊本製造所（熊本市本山町）を合理化して、砂鉄の生産を年間一万八千トンから四万二千トンに引き上げる。さらに、長洲町の臨海工場の第一期工事を昭和三十七年一月に着工、昭和四十年七月までに完成させるというものだった。有明海沿岸では初の本格的な臨海工業地帯の計画であった。

昭和三十七年十一月には、玉名郡長洲町の長洲港で有明臨海工業地帯の建設起工式が行われる。合わせて、工事に伴う漁業補償金一億六千万円が長洲町漁業協同組合に支払われる。大牟田市から長洲町にかけての有明海の海苔生産に大きな転機が訪れていた。

売れに売れた「鳴瀬式熱風回転式海苔乾燥機」で海苔漁業者の信頼を得た鳴瀬のもとには、自動化機械の注文が次々と舞い込む。

従来、海苔は海で種付けしていたが、室内栽苗の方法も考案されていた。気象に左右されずに、海苔の種付けができるという大きな利点があるが、当時は室内栽苗の機械は海苔試験場にしかなかった。同じものがあれば、時化の時にも室内で作業ができる。海苔生産者にとっては、どうしても製品化してほしい設備であった。鳴瀬のもとに「どがんかでけんですか」と相談が持ち込まれた。

鳴瀬はダイハツのミッションを購入して、ドラムに網を張った水車を回すことにした。その動力を使い、一分間に何回か回しながら種付けをする独自の装置を開発した。

「結果的にものすごく喜んでくれました。だから、みんなが『あれを作ってくれ』、『作業が大変だからこれはできないか』、『こんなものはでけんかな』と省力化のための動力機械の相談」が次々に持ち込まれた。

鳴瀬にとっては、自分を頼ってきた人たちが喜んでくれることが最大の喜びであった。そのためには、価格も安く設定してしまうこともたびたびあった。ユーザーにとっては、コストパフォーマンスに優れた機械設備を開発してもらえるが、鳴瀬はお金儲けにはほど遠い状態であった。技術開発に純粋に取り組むことが喜びであり、お金持ちになることには興味がなかった。

鳴瀬は「どの商品も一発でできたわけじゃない。関連して出来たものを整理し改良していったわけです。勤めていた熊本鉄工所も堤歯車製作所も下請けなんです。いい会社であるけど、下請けです」。どんなに仕事が多くとも、下請けでは意味がないと考えていた。

「今は残業のことが騒がれていますが、当時はいくら残業しても苦にはならなかった。それが現在のいろんな技術開発につながっている」という。熊本鉄工所も堤歯車製作所も百人近くの社員がいたが、現場で仕事のできる人間に仕事が集中する。鳴瀬はその当事者であったので、月百七十時間という残業も経験した。

「病気にならなかったのは運がよかった。だが、長時間労働が報われない時代。だから、チャンスがあったら、技術を持って独立したいと、みんな思っていました」と言う。しかし、「今の若い人には、そこまでは耐えられないでしょう。だから、技術力の蓄積はできないだろう」という。

若い頃の見習工時代には、現場で厳しく指導を受けた。「ぼやぼやしているとハンマーでもなんでも飛んでくるんですよ。現場の先輩たちはみんな体格がいいから怖いです」。しかし、そのような経験をしながら必死に仕事を覚えたことが、その後の全てに繋がっている。

昭和三十八年十一月九日、大牟田市の三井三川鉱山第一斜坑内で炭じん爆発が起こり、死者四百五十七名、重軽傷者四百七十名という炭鉱史上最大の事故となる。救出された四百七十一名のなかにも多数の一酸化中毒者がいた。有明海沿岸地域の石炭産業の斜陽化に拍車をかける結果となり、石炭に変わる新たな産業づくりが強く求められていた。

昭和三十九年二月には、大牟田市・荒尾市・長洲町の有明海沿岸における三井関係八社の新産都市の建設に関連したコンビナート再編計画が、熊本県に提示された。計画では、昭和五十年までに総額一千八百億円余りを投資して、石炭・電力・砂鉄を中心とした巨大なコンビナートを造るというものであった。

鳴瀬はまだ三十歳に手がとどかない年齢であったが、日本の産業界の飛躍に向けた足音がすぐ近くで聞こえていた。自分の夢に向かって歩み出す時期が目前に迫っていた。

昭和三十九年十二月、地方産業開発審議会が、「不知火・有明・大牟田地区」の新産業都市建設基本計画を了承、有明海沿岸での産業開発が動き出す。しかし、昭和四十一年一月には、藤井丙午八幡製鉄副社長は寺本広作熊本県知事に対して、有明・不知火・大牟田新産業都市への進出第一号として期待された有明製鉄の建設中止と関連する熊本製造所の閉鎖を言明。八幡製作所専務だった島村哲夫氏が発表した砂鉄による製鉄事業は頓挫することになった。

この年は、有明・不知火海域の冬の海苔作が異常気象のため、玉名地区の一部を除き、収獲量はゼロに近く、昭和三十八年の不作を上回る空前の凶作となった。

当時、熊本県内の海苔生産者はおよそ一万六百戸、ヒビの建て込み約三十万枚だった。昭和四十年年末の入札数は四千万枚にとどまり、前年同期の三億一千万枚の一割強。昭和四十一年一月の初入札では、千八百万枚で前年同期の四千万枚の半分以下となった。一方で、年末までの価格は一枚十四円、初入札会では十六円五十銭と高値を呼んだ。気象に左右されない海苔生産技術の開発が大きな課題となっていた。

【第五章】　自社工場とナルセ機材の誕生

自社工場

昭和四十五年、岱明町に自社工場を建設する。「夢への挑戦の第一歩」を踏み出す。

「鳴瀬式熱風回転式海苔乾燥機」の成功とともに、新たな自社製品の開発が行われた。鳴瀬が**「ダルマ」**と呼ぶ節油装置である。海苔乾燥室に設置することで、重油の節約になる。実用化したのは昭和四十二年である。その後、「ダルマ」は、海苔乾燥だけでなくハウス栽培の節油装置として大いに評判となる。

昭和四十五年、鳴瀬は自社工場の新築を決意する。それまで、熊本市高江町の実家を改造して「鳴瀬式熱風回転式海苔乾燥機」を製造していたが、手狭であったため注文が殺到するととても生産が追いつかない状態となった。

「海苔産地の大牟田、玉名地区に工場があった方

節油装置「ダルマ」

がなにかと便利だと思った」という。用地を探した結果、当時の玉名郡岱明町野口（現玉名市）の現在地に工場用地を見つけることができた。

問題は、工場新設の資金確保であった。鳴瀬は国民金融公庫に五百五十万円の資金融資を申し込む。「なにか担保がありますかと聞かれたので、自宅があるけど兄が住んでいますと答えると、なんでもいいですからと言われた」という。そこで自社製品の「鳴瀬式熱風回転式海苔乾燥機」のことを説明すると、融資が決定した。

購入を予定していた工場用地は、元木工所だったが、廃業により競売物件となっていた。周囲は畑ばかりで、坪単価は三百円ほど。競売入札時にはひと波乱があった。

工場を建設する予定で国民金融公庫からの融資を受けていた鳴瀬は、どうしても落札する必要があった。そこで、入札前日に知り合いの不動産会社に相談に行くと、社長が「鳴瀬さん、競売人は全員仲間だから、入札会場で値段の話をしたりしていると、すぐ情報が洩れてしまう。聞こえないように隣には知り合いの人を置いていた方がいい」。そのアドバイスを聞いて、何人かの知人に同行してもらい入札に参加した。

入札には、いわゆる「競売ゴロ」が数多く参加していた。彼らはすぐに鳴瀬に近づくと「おたくは、ここをどがんするとですか。売っとですか」と聞く。鳴瀬が落札したら「自分たちに売ってくれ」という相談である。鳴瀬が「私が使うから」と断ると、彼らは「困ったな」と顔をしかめた。結果的に、用地を購入して自社工場を建てようと考えていた鳴瀬が、四百数十万円で落札する。

昭和四十五年、鳴瀬は岱明町に待望の自社工場を建設する。**「夢への挑戦」**への第一歩を踏み出す。熊本からは弟と姉婿のほか、「鳴瀬式熱風回転式海苔乾燥機」を製造していた二人の従業員、さらに地元からも新たに二人を雇用して岱明町の新工場がスタートした。

新工場では海苔の乾燥機を中心に製造した。当時の乾燥機は「鳴瀬式熱風回転式海苔乾燥機」を改良した自動式乾燥機であった。現在の全自動式の前のバージョンである。当時で、一台百二十万円から百三十万円。以前の回転式の乾燥機がおよそ三十万円から四十万円だったから、機能的にも価格的もかなりアップした。

だが、海苔生産者からの注文は次々に舞い込んだ。一時的に海苔の不作があったものの、海苔の需要は上昇傾向にあった。海苔生産者にとっては、生産増に対応できる鳴瀬の自動化機械は魅力的であった。

鳴瀬は「社員は少ししかおらんのに売上ばかり上がるじゃないですか。これ以上売れんでもいいのにと思っても注文が来るわけです。結局、在庫がきちっとかたづかない。製造が忙しくて売掛金を回収する時間がなかった」。

永遠に売れていくならそれで結構なことだが、結局、在庫として残れば利益率は大きくダウンすることになる。

若い時から技術者として切磋琢磨してきた鳴瀬は、造ることに関しては一級品だったが、優秀な経営者ではなかった。そのことは、本人が一番よくわかっていたが、ものづくりにかける情熱に抗することはできなかった。

まだ、乾燥機が初期の回転式のころ、鳴瀬が暮れに乾燥機の代金千五百万円を集金して事務所のテーブルの上に置いておいた。そこに、まだ幼い息子の友だちが遊びに来た。その子がテーブルの上の札束の山を見て「どこから泥棒して来たつね」と聞いたという。「どうして泥棒して来たと思うとね」と聞くと「ここにこんな大金があるはずがなか」と答えた。それほど、当時の鳴瀬はお金もうけが上手ではなかった。

結局、集金してきた大金は、従業員への賞与や部品の仕入れ先への支払いで消えてしまい、鳴瀬家には五千円しか残らなかった。良心的に優れたものを造り続けたものの、決してそれを高く売りつけることはしなかった。

鳴瀬は優れた技術者であったが、製品を売りさばいて大金持ちになろうという気持はなかった。自分が生み出した機械が人の役に立ってくれること。使った人が「よか機械たい」と言ってくれることに喜びを見い出していた。

昭和四十一年には、前年の海苔の大不作が鳴瀬に思いもかけぬ災難をもたらした。前年、秋の高温と日照で、有明海の海苔は芽傷みがひどく、十一月中旬からは赤くされ病害が発生。海苔の大不作で、海苔生産者が機械代金を払えなくなった。

鳴瀬が乾燥機械を個人に売るケースはほとんどなく、実際には海苔生産組合へ販売、組合が組合員に売るというかたちが多かった。組合は国の近代化資金を導入して、メーカーに代金を支払い、組合員に近代化資金を渡すことは御法度だった。

しかし、海苔不作で経営に行き詰まった一部の生産者に、組合から近代化資金が流れてしまった。「つぶれた相手が払えない機械代が五百万円から六百万も残ってしまった」という。海苔生産者には好評な乾燥機だったが、自然相手の海苔生産にはリスクもつきまとっていた。

海苔乾燥機が爆発的に売れ始めたころ、鳴瀬はもう一つの自社製品の開発に取り組んでいた。後に、「ダルマ」の愛称でハウス農家に知られることになる節油装置である。海苔の乾燥機はボイラーで焚く。乾燥室の中の熱効率を高める省エネ装置だったが、当初は一部の海苔生産者が導入する程度だった。

昭和四十一年九月には、九州本土と天草の島々を五つの橋でつなぐ「天草五橋」が開通。翌昭和四十二年六月には、熊本県下が大干ばつに見舞われる。十一月には玉名郡天水台地県営地かんがい事業が本格化し、百二十ヘクタールのミカン園にスプリンクラーによる樹上かん水が始まる。農業分野への施設導入が開始され、ハウス栽培も広がりを見せていた。

その間、海苔乾燥機に導入されていた「ダルマ」は、実用化される中で改良を重ねていた。鳴瀬が製品化したものは、どれであってもいきなり登場したものではなかった。自社製品を改良した上で、他の分野でも活用できるように応用したものが多かった。

技術の蓄積から工夫が生まれ、それが応用されることで、新たな製品が開発された。その工程で、新しい発想が芽ばえ、それが次の開発へと結びついていった。鳴瀬は同じ場所にいつまでも立ち止まることはなかった。常に**「先の先を」**見ていた。

昭和四十三年、鳴瀬はまったく新しい海苔培養装置の研究に着手する。昭和四十一年の海苔の大不作がいつまでも頭から離れなかった。

「どうにかして、気象に左右されることなく、上質な海苔を生産できないか。そのための方法はないか」。

海苔乾燥機や「ダルマ」の製造に追われながらも、そのことが頭から離れることはなかった。だが、機械についてはだれにも負けないが、海苔栽培については素人である。

鳴瀬が海苔について教えを乞うたのが、太田扶桑男技師であった。当時、熊本県水産研究所で海苔栽培技術の研究と指導にあたり、「海苔博士」として海苔については国内での第一人者であった。

海苔栽培では、海苔網に海苔種を植え付け海中に降ろすと、珪藻などの有害物質が付着する。それらを取り除き、海苔種の繁殖を助けることが必要になる。従来は、酢酸処理やポンプで海水を汲みあげ、海苔網に付着した不純物を洗い流す方法がとられていた。

鳴瀬は、太田技師のアドバイスを受け、回転ブラシによるブラッシングで物理的に取り除く技術を独自開発した。

鳴瀬は、ブラッシング装置を太田技師に見せた。「種付け後、五、六日目の小さな海苔が付着したナイロン製の網にブラッシング洗浄をしたら、海苔芽が落ちてしまうのではないですか。小さな海苔芽に傷がついてしまいませんか」と質問した。太田技師はブラシに触れて驚くことになる。

太田技師は「その程度のブラシッングで脱落するような海苔芽は、むしろ落ちてしまった方がいいでしょう」と答えた。ブラッシングは珪藻などを取り除くことに大きな効果が期待できると断言した。

太田技師は、ブラッシングで脱落するような海苔芽は、時化には耐えることができないので、そのような弱い芽は落としておいた方がいい。しかも、海苔芽よりもナイロンブラシの直径が大きいために、網に残った海苔芽を傷つける心配もないことを、理由としてあげた。

むしろ、ブラッシングで残った海苔芽は、刺激を受けることで網に深く根付き、強い芽が育つことを指摘した。鳴瀬の編み出した **「ブラッシング」** という発想は、海苔生産者や専門家の盲点をついたものであった。

海苔のブラッシング装置も、鳴瀬が若い時から現場で蓄積してきた幅広い分野の技術力・知識が有機的に組み合わされて生まれたものだった。その後、太田技師の助言を受けながら、研究を重ねることで、改良が進められた。

実証実験にたどり着いたのは、それから数年後であった。ある生産者が種付けして十日目、ようやく肉眼で見える程度に育った海苔に、鳴瀬の機械でブラッシング作業を行うことになった。

その日の海は、穏やかな凪であったため、ブラッシング作業は順調に進んだ。箱舟内は、ブラッシングで落ちた汚れで真っ黒になってしまったが、汚れの落ちた網は真っ白となった。鳴瀬と漁業者はブラッシングで飛んだ珪藻の飛沫を浴びて顔は真っ黒となってしまった。だが、同行していた漁業者の奥さんが「せっかく付いた海苔芽にブラシをかけるなんて」と激怒し、鳴瀬たちを置き去りに親船で帰ってしまった。

初めての実証実験では、海苔芽がなくなってしまったのではないかという漁業者たちの不安も残った。鳴瀬も効果については確信があったものの「海苔芽は本当に大丈夫だろうかと、二、三日は心配で眠れなかった」という。

しかし、「絶対に大丈夫」と信じて、その後も一、二回のブラッシングを実施。その年は、白腐れなどの発生で現地の海苔が大凶作のなかで、実証実験を行った漁業者は良質な海苔を大量に収獲した。

「おいしい海苔をしっかり採ってもらわんと、海苔業界の危機になる」との思いで製品開発に取り組んだ鳴瀬の技術力が勝利した。

実証実験の成功は、一つの通過点である。その後、ブラッシング効果について生産者の間に広まるとともに、各地の生産地でも同様な実証実験がくり返された。ブラッシング機能の改良だけでなく、製造工程の見直しやコスト低減、作業現場の使いやすさに重点を置いた改良が進んだ。

鳴瀬は「ブラッシングを行うことは、海苔網の汚れを落とすためだけと思われがちですが、海苔の成長促進の効果も期待できます」という。ブラシをかける時に発生する微弱な静電気による刺激が、海苔の成長細胞にプラスの作用をもたらすことがわかってきた。結果的に、それが海苔の健康とうま味に繋がっている。

海苔は人間の生命維持に必要な各種アミノ酸、つまり旨味成分を多く含む「海からの贈りもの」である。ブラッシングは、酢酸による汚れの除去を限りなく減らすことが可能で、尊い海の環境を守ることにも繋がる。太田技師に指導を受けながら始まった鳴瀬のブラッシングの研究開発は、その後三十年近く続くことになる。

一つの製品は、さまざまな技術の集積と組み合わせで生まれるが、製品化に成功した時点で開発がストップすることはなかった。ある製品のあくなき改良への取り組みが、実は次の新たな製品が生まれるきっかけとなっていった。一日としても、今の位置に立ち止まらず、常に**「もっと先を。もっと良いものを」**という鳴瀬の生き方が新たな分野を開拓していった。

海苔のブラッシング機械が、実際に海苔生産者の間に浸透していったのは、昭和四十七年になってからである。当時の飽託郡河内町（現在の熊本市西区河内町）の生産者が本格的に導入した。それまで普及が進まなかったのは、実績の積み重ねがなかったせいである。

勇気ある判断をした生産者は、ブラッシングの恩恵にあずかり、周囲の海苔生産者が不作の年も、優良品を大量に生産することができた。現在は、当時導入した生産者の孫の世代となり、ブラッシングによって高い収益を確保している。

同じ年の一月、隣の玉名郡長洲町に進出を決めた日立造船有明工場の建設事務所開きが行われ、翌昭和四十八年四月の創業開始に向けて、建設工事がスタートする。その時、鳴瀬のもとには日立造船から鉄筋の基礎ボルトの発注があった。

「造船所の基礎ボルトを曲げることが必要だったんですが、ちょうど新しい機械を導入したばかりで、うちで段取りすることになりました」という。今までの知恵と経験があったおかげで、日立造船側の注文にもスムーズに応えることが可能だった。

昭和四十八年十一月、日立造船有明工場の一番船建造起工式が行われる。ちょうどそのころ、日本はアラブ産油国の原油減産に端を発した第一次オイルショックに見舞われていた。

鳴瀬は、海苔生産者向けの海苔摘み機を開発、商品化にこぎつけていた。秋には、熊本市松尾に海苔摘み機のデモ機を一台据えることにした。すでに「ナルセ機材」のブラッシング機が海苔生産者の間で話題となっていたために、デモ機は注目を集めることになった。

結果的に、秋口までに海苔摘み機が五十数台売れることになる。さらに、翌昭和四十九年には五百五十台売れ、岱明町の工場は増産に追われることになった。

昭和四十九年は、有明海沿岸の海苔生産者にとって大きな出来事があった。三月、熊本県と熊本市が熊本市沖新町に建設を予定していた「熊本新港」の新しい建設計画が明らかになる。国の重要港湾として位置付けられたため、昭和四十七年の当初計画よりかなり大型化となった。

新しい計画では埠頭などの造成用地面積四百十三万㎡、三万トンまでの船舶が接岸でき、港湾関連用地のほか、都市開発用地、緑地、廃棄物などの処理施設用地が設けられることになった。有明海の海苔生産にも「熊本新港」の影響は大きいと見られていた。同じ年の十月には日立造船有明工場の完工式が現地の玉名郡長洲町で行われる。進出決定から四年ぶりのことだった。数年の間に有明海の海苔生産を取り巻く環境は大きく変化。生産者にとって省力化とともに、優良品の生産が生き残りのカギとなっていた。鳴瀬の製品開発に対する生産者の期待が高まっていた。

昭和五十四年、第二次石油ショックが日本を襲い、海苔乾燥機用に開発・製品化していた「ダルマ」に思わぬ需要が発生した。重油の価格が高騰することで、「ダルマ」を農業ハウス用に転用できないかという発想が鳴瀬に浮かんだ。すぐに、農業ハウス用に改造して転用するが、NHKのテレビ番組「明るい農村」で紹介されると、あっと言う間に注文が殺到した。

「ダルマ」は、「売れに売れる」が、その状況を見て大手メーカーも節油装置を開発するようになった。鳴瀬は、「大手のものよりもうちの機械が調子がいいものだから、導入した生産者はみんな喜んでくれました。すでに海苔で経験していたものだから、それを生かして、非常によか乾燥機ができた」という。

鳴瀬が開発した**節油機「ダルマ」**は構造がシンプル。操作・調整もしやすいという長所があった。導入することで、同じ重油の量でハウス内の温度差が二度ほど違った。二度の差では、収穫量がかなり増えてくると同時に早く熟し、ハウス内の場所によって熟し方にムラがない。

鳴瀬は、導入したハウス農家を一軒一軒訪ねて、畑の状況を調べた。「この畑ではここに節油機を置いて、ハウスのダクトの引き方はこうしたらいいですよ」とアドバイスした。たとえば、傾斜のある中山間地では、ミカンやブドウのハウスがひな段式に並ぶことになる。ところが、勾配のひどい場所では、温度の高い空気は自然と上に登ってしまう。ひな段式のハウス全棟に温めた空気をどう配分するかという工夫が必要となる。節油機の設置場所で効果に差があった。

鳴瀬は自社製品を売りっぱなしにすることはせず、生産者の立場で考えたアドバイスで信頼を勝ち取っていった。海苔の乾燥機から生まれた技術が施設園芸向けに改良され、新たな需要を掘り起こした。

大手メーカーと違い、小回りが効くサービスとともに、**「気づき」**の力が大きい。発想力と想像力の問題であった。鳴瀬は「全部そんな気持ちでものづくりに取り組んできました」という。

「ナルセ機材」が法人化されたのが、昭和五十七年である。少数精鋭主義で開発と製造を行ってきたが、売上高が一億円を超えるようになり、法人化を決断した。いっしょに働く仲間の福利厚生も充実させたかったし、妻や息子たちとのためにもそうすることが必要だと考えた。「ナルセ機材」は小さな鉄工所ではあったが、そこには**大きな夢と希望**がいっぱい詰まっていた。鳴瀬はもうすぐ四十七歳になろうとしていた。

昭和五十七年一月、四年前から続く造船不況のなかで、長洲町の日立造船有明工場で当時世界最大の鉱石運搬船（リベリア船籍、ヒタチベンチャー）が完成する。二十六万トン、全長三百二十四メートル、幅五十五メートル、高さ二十六メートルで積載重量は二十六万八千トン。これまでの石川島播磨重工業呉工場の十七万トンを抜いて世界最大であった。

九月には本田技研工業熊本製作所（菊池郡大津町）が、熊本市の自動化機器メーカー平田機工から組み立て用ロボット百台を導入。一方、十月には阿蘇郡一の宮町の進出企業・婦人服縫製加工の九州タイトが、一の宮、八代の二工場の閉鎖と全従業員百七十二人の解雇を明らかにした。国内では産業構造改革の嵐が吹き荒れ、熊本でも技術系企業のウエイトが高まりつつあった。鳴瀬は新たな海苔関連機器の開発に取り組んでいた。

鳴瀬が開発したのは、**「エビ取り対策用の海苔の分離攪拌機」**であった。収獲した海苔原液から不純物を分離し、取り除くための攪拌機である。従来の分離攪拌機との違いは、攪拌に**「遊星運動」**を取り入れた点。遊星運動は太陽歯車を中心として、複数の遊星歯車を惑星系に見立てたことに由来する。

海苔原液の鮮度保持は分離攪拌機のタンクの機能としては重要だが、「遊星運動」によって、比重を調整しながら上下の分離作用と洗浄効果が行われる。その時に珪藻や甲殻類、プランクトンなどを分離。それらが海苔に混入したままでは価格も安くなる。

ナルセ機材製の分離攪拌機によって不純物は完全に分離され、海苔の品質向上が図られる。当然、価格的にも有利な海苔が生産できる。不純物を取り除く「エビ取り対策」は、前工程での処理が品質保持には重要となるため、分離攪拌機の役割は大きい。

「明日時化るぞ」という天候時には、生産者が海苔網を急いで引き上げ、海苔の干し場に設置した大型タンクに入れるケースが年間数回ある。ナルセ機材製の分離攪拌機は、エンジン馬力が従来の三分の一で済むように設計されている。攪拌能力に優れているために、十五トンのタンクで従来の二十トンクラスに匹敵することになる。

自然の摂理や宇宙の法則まで取り入れた発想を機械に応用することについて「ほかの人からは、『あなたの頭の中には、いっぱい実が詰まっているんだろう』と聞かれるが、実はなにも入っていないんです」という。

鳴瀬は「なにも入っていないからっぽの頭だから、いろんなものが詰められる。だから、あんまり勉強をして、いらんことを覚えるなと言っている。だれでも、いっぱい頭に詰め込もうとするが、そんなものはすぐに出ていってしまう。ある程度知識を持っておればそれで十分。逆にその方がいろんな発想が生まれる。だから、パソコンが壊れた時に、頭が良くなる」という。

知識の詰め込みよりも、**「この場面でどうするかということをよく考えて行動すること」**が大事だと鳴瀬は言う。

わからないことを、今のようにネットで検索して調べて、それで答えを出すようなことをしていては、いつまでも発想力が身につかない。それが鳴瀬の思考の基本となっていた。

【第六章】　ワンペダルの誕生

アクセルとブレーキの踏み間違えを防ぎたい。安全への想いからワンペダルは誕生した。

AT(オートマチック)車に装着する**「ワンペダル」**の開発は、鳴瀬自身の体験が元となっている。

新しい発想を生み出すこと。そして、それを実用化するための技術開発は、鳴瀬のこれまでの技術者人生のなかで培われてきたものである。だが、それだけでは、この世には「ワンペダル」は誕生しなかっただろう。

「ワンペダル」の中には、自然の摂理を知り**「命の貴さ」**を学んできた鳴瀬の人生観が結晶している。

「ワンペダル」とはなにか。九州看護福祉大学大学院教授で工学博士の西島衛治氏が、著書「安心・安全ペダルへの道」(二〇一六年一〇月、九州看護福祉大学西島衛治研究室福祉環境工学研究班発行)の作成主旨で、「ワンペダル」開発の意義について次のように述べている。

「昨今、高齢者の自動車運転による加害事故が急増している。事故原因の内容は、様々だが、いずれも深刻な重大事故で社会問題になっている。

超高齢化社会の現在、高齢化率は、三〇％に接近していて国民の三分の一は、高齢者である。七十五歳以上の後期高齢者が、ピークを迎えると予想される二〇二五年には、東京などの大都会でも急激に高齢化が進むと予測されている。

交通事故の加害者は、年齢層で見ると二十歳代と六十歳以上の高齢層が、顕著に多い。若い層は、運転未熟によるものと推測される。三十歳代からは事故が減少する。

高齢者の運転事故は、身体の運動機能の低下、知覚機能の低下、認知症など高齢化に伴う運転不適応によるものと思われる。

日本では、年間に三千人以上の交通事故死が発生している。高度成長期のピーク時には、最大で年間に一万六千人以上の交通事故死が発生した。

グローバルにみると、ＷＨＯの発表では、世界中で年間に百二十五万人が、交通事故で死亡している。まさに交通戦争である。アジアでも高齢化が進むと日本と同じように高齢者の運転事故が、急増する可能性がある。

私の専門は、人間工学や福祉環境工学であるが、現在のアクセルとブレーキの二ペダルを踏み込むシステムは、**「構造的に欠陥がある」**と考えている。日本では、**毎年七千件ほどの深刻な踏み間違いの事故が発生している。**警視庁の統計以外にも自損事故など潜在的事故件数もかなりあるものと推定できる。ハインリッヒの法則で推定すると二百十万件の「ヒヤリハット」が、発生していることになる。

近年、自動ブレーキや自動運転の開発が、進められているが、完全な安全性は、保障されていない。

二十年程前に開発された「ワンペダル」は、踏むペダルが、一つになりアクセルとブレーキの踏み間違いをほぼ完全に防止でき、しかも空走距離を短かくし事故を減らす装置である。

西島教授は最後に**「現在の超高齢社会では、早急にこのシステムを導入し浸透させることが急務と考えている」**として、AT車での「ワンペダル」の持つ社会的意義を指摘している。

鳴瀬がAT車を初めて運転したのは、昭和が終わり、もうすぐ平成になろうかとしていた時期である。本人が実体験したことだけに、運転時の記憶は鮮明である。

「初めてオートマチック車を買ったのは昭和六十四年。それまでは、ミッションのワゴン車に乗っていたわけです。ディーラーの社員が、ここ（ナルセ機材事務所）に持ってきたわけですね。事務所の横が少しだけ傾斜があり、そこに前進で納車しました」。

新車に早く乗りたい一心だった鳴瀬は、さっそく運転してみる。「車は駐車場からバックで出ることになるわけです。運転席の足元を見ると、なんだかすかっとしている。何かおかしいなと思いながらも運転してみた」という。

もちろん、ディーラーの社員からはペダルの踏み方はしっかりと教えてもらっていた。だが、「その時にグッーと急発進したので、これはなんか危ないなと直感した」。

鳴瀬は、すぐディーラーに電話して「この車は危ない」と伝えた。だが、担当者は「みんな慣れて乗っていますよ。慣れるとよかですよ」と言うので、「そんなもんかな」と思ったという。

だが、自分の直感は間違っていなかったことを鳴瀬はしばらくして悟ることになる。既存の知識や教科書通りの学問よりも、鳴瀬は自分の感覚を大切にした。

半年後、「オートマは便利でいいな」と運転に慣れたころ、再びヒヤリとすることになる。「七城町（現在の菊池市）の農協前に車を止め、自動販売機で飲み物を買おうとしたが、「ブレーキでなくてアクセルを踏んだ」という。

鳴瀬は「危なかな。やっぱり変わらん。これを防ぐことはできないか」と、オートマチック運転に疑いを深めた。

それから二ヵ月後、鳴瀬は大牟田に出掛けた。馴染みの海苔生産者が、ナルセ機材の機械を据えることになった。手みやげの酒を買うために大牟田の繁華街の酒屋さんの駐車場に前向きで停めた。車道と歩道の間には数センチの段差があった。買い物を済ませ、バックで車道に出る時、ペダルを踏み間違えて、バックで車道を横切り、反対側の店舗の前まで突進することになる。

「道路は車の通行が多いところで、たまたま車が来てなかったからよかったが、もし反対車線を自動車が来ていたら即死していたかもしれない」という。

鳴瀬はサイドブレーキを精一杯引っ張ることで、かろうじて暴走を止めることができた。「今考えてみると、今は足にサイドブレーキがありますが、自動車メーカーではオートマが暴走した時に左足で踏ませようと設計したのだろうと思う。しかし、慌てている時には足がなかなかかなわない。だから、手元にサイドブレーキがあった方がより安全だと思った」。

「もう許さんという感じです。最初は踏み間違いを起こした原因がわからなかった。でも、**これは構造的な欠陥ではないかと。**なにか方法ないのかなと、いろいろ考えてみた」。

鳴瀬は自分の体験を、すぐにペダルの改善へと結び付けた。数十年にわたる機械製作のノウハウを生かし、事故防止策の設計図を頭の中で描いた。**「当たり前のことだから」**、あるいは**「みんなが納得しているから」**、**「大手メーカーがやっていることだから」**という理由で、おかしなことを放置することはしなかった。

「欠陥や間違いがあれば、それを放置しない」。鳴瀬の技術者としての生き方が「ワンペダル」の開発を成功に導くことになる。

西島衛治教授は「安心・安全ペダルへの道」の中で、AT車の踏み間違い事故が起こる要因と「ワンペダル」の利点について、次のように分析している。

「踏み間違い事故は、アクセルペダルからブレーキペダルを踏み替える時に発生します。通常ブレーキペダルはアクセルペダルより高く、段差があります。

アクセルペダルを踏み込んでいるのでさらに段差は高くなります。この段差は足元の『階段』と同じで、階段を踏み外して大怪我をするように、咄嗟の時にブレーキペダルを踏み損ない、アクセルを踏んで暴走します。

ワンペダル方式は踏めばブレーキペダルしかなく、踏み替え動作も少ないことから、足の負担も少なく、いつでもブレーキを踏める事、空走距離が無く短距離で止まる事がメリットとなります。段差が無く、ドライバーにやさしい**ユニバーサルデザイン**であると言えます。

また踵を上げてペダルを踏み替えている方は、咄嗟の時は、足が緊張するので踏み損ないやすいのです。または足元にある段差を意識することが事故を減らす第一歩です」。

加えて、西島教授は日本の超高齢者社会において、公共交通機関が廃止や縮少されるなかでは、高齢者にとっては病院や買い物の足として自動車は欠かせない「足」となっていることを指摘。高齢者の生活を支えるために安全に運転できる自動車の必要性を訴えている。さらに、高齢者が自動車運転に不安を感じて、外出の機会が失われることは、身体的・精神的に老化を早め、認知症のリスクも高まると分析している。

鳴瀬は、「自分が事故を起こした原因がよく解らなかった。それからだんだん一つずつ調べていくと、やっぱりペダルに問題があるぞ」ということから**「ワンペダル」**開発の第一歩が始まっている。

鳴瀬が「ワンペダル」の試作をスタートしたのが、オートマチック車に乗り始めた同じ昭和六十四年のことである。自らの踏み間違いで、危うく死にかけてからは、頭の中で「ワンペダル」の設計案がいろいろと浮かんできた。

最初は「踵（かかと）ホール方式」を採用することにした。樹脂で受け皿を作り、ブレーキペダルに装着した。「かかとホール」は直径約十センチ、深さ約十五ミリで、そこに右足の踵を置く。まず、そこから挑戦は始まった。

試作品では、踵は常に「かかとホール」に入った状態とした。「踵の自由度も少しあるようにしました。今でもオートマなんかでも、こうして踵を置いているのが多いでしょう。ところがだんだんアクセルの方に踵が寄るんです。だから私はブレーキペダルを中心に『かかとホール』を持ってきたんです」という。

鳴瀬は「試作してみて、最初はなんとか調子がいいかなと思った」。ところが、「その『かかとホール』を自分のワゴン車に付けて実際に試運転してみると、これでも危ない。

もともとオートマチック車のペダルには問題があるのだな」と感じた。

ペダルの構造自体に問題があるらしいことはわかったものの、事故を誘因した自分の足が、「どうして、あのように動いたか」が分からない。夜中に目を覚ますと、ペダルのこと、あの時の自分の無意識の足の使い方が頭に浮かんだ。「どこがおかしいのか」と自問自答したが、なかなか答えは見つからない。

これは、もっと根本的な問題があるのだなと、鳴瀬は考えた。その直後に、大牟田で再び自らが暴走したことで、「踵ホール方式」では問題は解決しないことを悟る。

試行錯誤の末に「踵ホール方式」は「関節方式」に変更される。「踵ホール方式」でだめならば、「横に押したらどうかということです。その時になんで押すかと考えた。ブレーキには足が乗っていないと間に合わないから。ブレーキに足を載せていては、結局軸が縦軸になる」。

鳴瀬は過去の仕事の経験を思い浮かべながら、考えを巡らせた。**「発想」**と**「直感」**と**「経験」**の組み合わせを幾通りも試してみた。

「アクセルそのものを押し込むのでなく、足を横に移動させることにしたらどうか。これならばブレーキとアクセルの踏み間違いがなくなるのではないか」と気づく。

「経験」をバラバラの部品に小分けして床にばらまく。それを立ったまま俯瞰（ふかん）して、頭の中で再構築してみる。だめなら、再びバラバラにして、組み立て直す。この繰り返しによって、おぼろげに「ワンペダル」のモデルが浮かび上がった。

既存の情報に頼らない。非常識こそが解決の突破口。常識だとされていることを当たり前だと安易に受け入れない。いや、非常識こそが常識。「ワンペダル」に「気づいた」背景には、そんな鳴瀬の発想力があった。

試作品が完成したところ、すでにオートマチック車での事故が発生していた。試作品をある人に見せると「それはおもしろい。トヨタ自動車に相談してみたらどうですか」と言われた。

鳴瀬は、とりあえず完成した試作品を持って名古屋まで出掛けた。「トヨタ自動車の本社まで行ってみると、待合室には下請けの人たちがいっぱい来て、並んでいました。大手だからいろんな相談があるんでしょう」。

応対したトヨタ自動車の担当技術者は、試作品を手に取ってしばらく考えると「アイデアとしてはいいけれども、関節がブレーキペダルにあるというのがちょっと問題ですね」と答えた。「関節方式」は自動車のペダルとしては強度面などから使えないと指摘した。

鳴瀬はその言葉を聞いて、ひらめくことがあった。「もっとシンプルに考えて、関節そのものをなくせばいい。ペダルの支点を下げれば足を自然体で置ける」。複雑に物事を考える必要はなかったことに鳴瀬は気がついた。

デジタル全盛時代にデジタル思考で考えていては、結局壁は破れない。人間は情報を集めて計算・解析することではパソコンには勝てないかもしれない。しかし、単純に思考すれば、実は簡単なことだった。高度なマシンに頼らず、自分の頭脳でよく考えれば、終着点はすぐ目の前にあったのだ。

平成三年、「ワンペダル」は、熊本陸運局より改造申請が承認され、公道走行が可能となる。世界各国での特許申請、特許取得とともに、テレビ・新聞・雑誌などのマスコミで注目が集まる。

マスコミからの取材は、国内だけでなく海外からも行われた。**アメリカの「ニューヨークタイムズ」**では一ページを使って「ワンペダル」を紹介した。実用化に伴い、実際に装着するユーザーも増えつつある。

そのユーザーの一人に、ペリー提督の七代目がおられる。「日本人の奥さんの車と自分の車に『これはいい』と「ワンペダル」を着けられたんです。佐世保の米軍基地の人ですが、なんか不思議な縁を感じた」と鳴瀬は言う。

　アメリカは世界に先駆けて車社会をつくった国。日本の自動車産業の夜明けをつくったのもアメリカである。幕末、その国から「黒船」で来航したペリー提督の子孫が「ワンペダル」を装着したことに、鳴瀬は感動を覚えた。

　「ワンペダル」には課題も残されている。素材は、アルミからステンレスと進化してきたが、さらに軽量化するためにプラスチックへの改良が考えられている。また、機能オンリーから「美」にも配慮したデザインの工夫も課題である。さらに、「ワンペダル」の利点を生かして、専門メーカーと提携して障がい者向けへの普及も考えなければならない。だが、最大の課題は、**ナルセ機材自体の生産体制の強化**だろう。

　鳴瀬にとって、「ワンペダル」開発は、一つの通過点でしかない。「ワンペダル」で金持ちになるつもりはない。その先にあるのは、「ワンペダル」の普及によって、一つでも多くの「命」を救うことにある。

　海苔生産者のために、さまざまな機械を開発した時に、機械はお金儲けのためにあってならない。技術開発は人間の命と自然環境を守るためでなければ意味がないと、鳴瀬は悟っている。

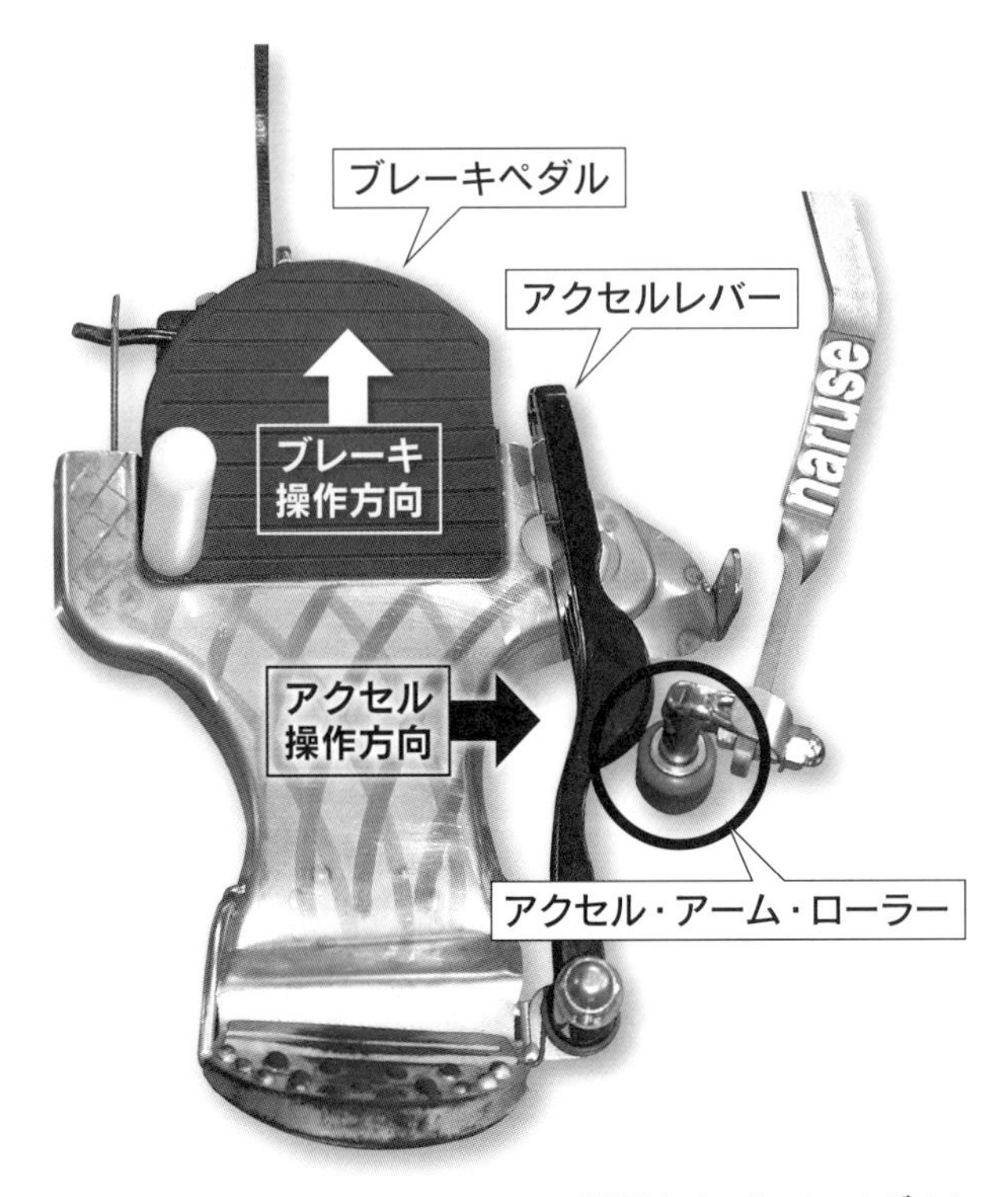

開発した「ワンペダル」
元々のアクセル、ブレーキを
生かしながら取り付ける。

【終章】　非常識が突破力だ

新しい発想を生み、それをかたちにしていく。「情熱」が「夢への挑戦」をくり返す。その情熱が「若さ」へとつながる。

鳴瀬は、「ワンペダル」開発と並行して、三十年近くエネルギーの根本的な解決をテーマに研究を続けてきた。

「すべてが既成概念というか、それがものすごく強いんです。研究してみてわかるんですが、すべてに既成の利益システムからの抵抗がある。今のエネルギー問題では、資源争いの結果、戦争になります。温暖化の問題も残されたままです」。

エネルギー問題の解決に向けて取り組んできたのが、**「永久磁力」**の研究である。「海苔の機械の中に磁石を使うということがありました。こんなすばらしい磁石があるのに、どうしてエネルギー問題を解決しようとしないのか。

永久磁石の実用化研究はなかなか難しいことを知った鳴瀬は、「実際に磁石の力が存在しているのならば、それをどうにかしたい。自分が解決の糸口をみつける」ことを決意する。

磁石の力は、簡単に減らない。減っても「着磁」が可能で、何回でも使える。原子力発電所のように有害な廃棄物を出さなければ、リサイクルも比較的容易である。磁石からは煙も音も出ない。だから、究極の資源の節約になる。

「あきらめたら何もできない」というのが、鳴瀬の思いである。

鳴瀬は「理論が出て来ないというのが、永久磁石の欠点なんですよ。そこに行き詰まっている。課題が見つかりさえすれば、きっと解決策はある」。これまでのように、これからも自らその場で考えることで、新しい「発想」を生み、それをかたちにしていく。「情熱」が「夢への挑戦」をくり返す。その「情熱」が、「若さ」へとつながる。

鳴瀬の言葉で言うと「非常識の外に発明がある。常識を疑うことが突破する力になる」。

人生を振り返り、鳴瀬は言う。

「ここまで来れたのも健康だったお陰です。健康でないと何も始まらない。とにかく研究、開発には**時間**と**お金**と**健康**と**パワー**が必要なんです。」

現在八十二歳の鳴瀬社長は今朝も五年前から出会った世界的な健康飲料「タヒチアンノニ TM ジュース」を飲み、脳の活性化と健康維持につとめ、日々、人々の幸福を願い、これからも**ひらめき**に従い、夢への挑戦をスローガンに精力的に邁進されることでしょう。

＜著者略歴＞

津村　重光（つむら しげみつ）

鳴瀬社長（右）と著者

1949年　福岡県大川市に生まれる
16歳から作曲家古賀政男先生の
古賀ギターと作曲法を独学

1971年　福岡大学経済学部経済学科卒業

1988年　福岡県春日市役所を40歳で自主退職

1991年　有限会社ツムラ企画を設立
「モリンダ事業」と「不動産事業」と「CD発売」

2010年　「ふるさと人生応援歌」
翔白陽作品集をリリース

2011年　「哀愁のレクイエム」をリリース

2012年　住宅型有料老人ホーム「福津健康長寿園」オープン

2016年　住宅型有料老人ホーム「ひのさと健康長寿園」オープン

2017年　「モリンダの軌跡　無に生きる」（CD17曲付き）を出版

ワンペダル® 誕生への道
「発明家の半生」

2017年11月20日　初版発行

著　者　津村　重光
発行者　小坂　隆治
発行所　株式会社 トライ
〒861-0105
熊本県熊本市北区植木町味取373-1
TEL　096-273-2580
FAX　096-273-2542
印　刷　株式会社 トライ